# 동물의 **사회 행동**

# 동물의 **사회 행동**
동물은 왜 사회적 행동을 하는가

–

초판 1쇄  1991년 04월 30일
개정 1쇄  2021년 07월 27일

–

**지 은 이**  니코 틴버겐
**옮 긴 이**  박시룡
**발 행 인**  손영일
**편   집**  손동석
**디 자 인**  이보람

–

**펴 낸 곳**  전파과학사
**출판등록**  1956. 7. 23 제 10-89호
**주   소**  서울시 서대문구 증가로18, 204호
**전   화**  02-333-8877(8855)
**팩   스**  02-334-8092
**이 메 일**  chonpa2@hanmail.net
**홈페이지**  www.s-wave.co.kr
**공식 블로그** http://blog.naver.com/siencia

ISBN  978-89-7044-980-7 (03490)
값 15,000원

# 동물의
# 사회 행동

동물은 왜 사회적 행동을 하는가

니코 틴버겐 지음 | 박시룡 옮김

**전파과학사**

# 머리말

    이 책은 사실들의 소모적인 반복을 의도하지 않았다. 오히려 이 책의 목적은 사회적 행동이라는 현상에 대한 생물학적인 소개이다. 이런 종류의 접근은 로렌츠(Lorenz)의 선구자적인 연구에 의해 부활했다. 이 접근은 자연 상태에서 엄청나고 다양하게 발생하는 사회 현상에 대한 새롭게 보강된 주의 깊은 관찰의 필요에 대한 강조, 세 가지 주요한 생물학적 문제의 기능(Function), 인과 관계(Causation), 진화(Evolution)의 균형 있는 연구에 대한 강조, 그리고 묘사의 적당한 순서, 질적 분석, 양적 분석에 대한 강조, 마지막으로 계속적인 재종합의 필요에 대한 강조로 특징지을 수 있다.

    이 접근의 특징과 분량의 제약이 이 책의 내용을 결정하게 되었다. 분량의 제한으로 많은 부분을 생략하게 되었다. 그래서 디그너(Deegener)의 동물 집단의 다양성에 관한 방대한 저작은 다루지 못했다. 또한 사회성 곤충들의 고도로 분화된 계층에 대해서는 그 분야만 전문적으로 다룬 좋은 책들이 많이 있기 때문에 세세한 부분까지 취급하지는 않았다.

이 책은 접근 형식에서 사회 행동에 대한 다른 책들과 본질적으로 구별된다. 한편 필자는 다른 저자들에 의해 더 많이 연구되었던 몇몇 문제에 대해서는 간략하게 취급했다. 앨리(Allee)의 연구는 주로 동물들이 집단을 이룸으로써 얻는 다양한 이점에 관련되어 있다. 거기에는 사회적 협동의 바탕이 되는 원인은 거의 언급하지 않았으며, 이 원인을 취급할 때도 쪼는 순위(Peck Order, 가금류가 지배권을 나타내기 위해서 강자가 약자를 쪼는 행위)—사회 조직의 작지만 흥미로운 부분이다—의 현상에만 초점을 맞추었다. 다른 연구자들은 한 개체에서 다른 개체로의 먹이 전달의 영향에 지나친 가치를 두는 것 같다. 이것은 명백히 몇몇 사회적 관계의 발전에 있어서 한 요인인 동시에 거대하고 복잡한 현상의 한 요소에 불과할 뿐이다. 끝으로 특별한 실험실의 조건에서 얻은 산재된, 또 종종 관련이 없는 분석적 증거가 많은데, 이것은 현재로서는 관련 종의 정상적인 생활과 어떻게 관련되는지 말하기가 불가능한 일이다.

한편, 필자는 주요 문제와 그들 상호 관계, 그리고 더 전문적이면서 부수적으로 취급된 문제를 조직적으로 나타내도록 하는 데 비중을 두었다. 이런 작업은 자연주의적(Naturalistic) 연구를 통해 발견한 많은 새로운 사실들에 대한 묘사와 분석의 첫 번째 질적 접근과 함께 많은 지면을 할애하게 했다. 더구나 큰 발견적 가치(스스로 발견해서 얻은, Heuristic Value)로 인해 중요하다고 하는 몇몇 새 이론들을 조직적으로 나타내 강조하고자 했다. 그리하여 종 내의 싸움(Interspecific Fighting)의 의미, 위협과 구애 행동(Threat and Courtship Behaviour)의 인과 관계, 해발인(Releaser)의 기능 등, 이 새로운 접근에 확실히 기여해 온 다른 문제들이 자세하게 제시되었다. 그리고 복잡한 문제들의 체계 내에서 그들을 적절하게 배치하려고 시도했다.

필자는 필자의 생각들을 흥미를 가진 전문가가 아닌 사람들이 쉽게 따라올 수 있는 방법으로 제시하려고 노력했다. 아마추어들이야말로 현재의 초보 단계에 있는 학문에 큰 공헌을 할 수 있다고 확신하기 때문이다. 그렇게 함으로써 연구를 활성화시키는 것이 필자의 바람이다.

귀중한 비평과 영어 원고를 교정해 준 Dr. Michael Abercrombie와 Desmond Morris, 삽화를 그려주었던 Dr. L. Tinbergen, 필자의 책『본능의 연구(The Study of Instinct)』로부터 많은 삽화를 쓸 수 있도록 허락해 준 옥스포드대학 출판부에 심심한 사의를 표한다. 더 나아가 〈그림 61〉을 다시 그리게 허락해 준 Dr. Hugh Cott와 그의 멋진 펭귄 사진을 책의 표지와 〈사진 5〉에서 사용하게 해준 Dr. Brian Roberts에게도 감사한다.

# 목차

# 1장

## ⋮

## 서론

# 01
## 문제들의 서술

찌르레기(Starling)는 무리를 지어 살기 때문에 사회적이며, 바다매(Peregrine Falcon)는 겨울에 강어귀에서 혼자 사냥하므로 분명히 단서성(單棲性, Solitary)이듯이 '사회적'이란 말은 한 개체 이상과 관련된다. 그렇다고 꼭 많은 개체가 필요한 것은 아니다. 필자는 단지 한 쌍의 동물들의 행동도 '사회적(혹은 사회성, Social)'이라고 부르고 싶다.

그러나 동물들의 집합체(Aggregation)가 모두 사회적인 것은 아니다. 여름밤에 불을 켜놓은 램프 주위에 수많은 곤충들이 모여들지만, 그것들이 사회성일 필요는 없는 것이다. 곤충들은 분명히 제각기 램프에 끌려서 우연히 모여든 것에 불과하기 때문이다. 그러나 겨울 저녁에 찌르레기들은 밤이 되어 내려앉기 전에 매력적인 공중 비행을 하는 동안 분명히 상호작용하고 있는 것이다. 그들은 때로 완벽한 질서를 가지고 서로를 따르기 때문에, 우리는 그들이 어떤 초인간적인 의사 전달 능력을 가지고 있지 않은가 하고 생각하기도 한다. 이렇게 서로 반응하는 것을 기초로 해서 함께 있는 것이 사회 행동의 하나의 표시가 된다. 이런 점에서 동물사회학은 식물사회학과 구별되는 데, 식물사회학은 식물들이 상호 영향을 주는지 혹은 단지 같은 외부 요인에 의해 같은 식으로 이끌리기만 하는 것인지를 고려하지 않고, 식물들에게 함께 일어나는 모든 현상을 포함한 것이다.

사회성 동물들이 서로에게 끼치는 영향은 단순한 친화(親和)가 아니다. 집합체는 더 밀접한 협동을 하거나, 무엇인가를 함께 하기 위한 전조에 지나지 않는다. 찌르레기의 경우 이 협동(Cooperation)은 단순한 것이다. 그들은 같이 날아서 회전도 같이 하고, 몇몇은 경고의 소리를 내기도 하며, 아메리카황조롱이(Sparrow Hawk)나 바다매를 피하기 위해 떼를 지어 그 '포식자'들 위로 높이 날아오르기도 한다. 번식기에는 암수가 오랜 기간 같이 있으면서, 긴밀하고 복잡한 협동의 오랜 과정을 통해 짝을 짓고 둥지를 만들어서 알을 부화하고 새끼들을 기른다.

그러므로 사회 행동의 연구는 개체들 간의 협동에 관한 것이다. 거기에는 둘 혹은 그 이상의 개체가 포함된다. 찌르레기 떼의 경우에는 수천 마리가 서로 협동을 할 수도 있다.

우리는 협동을 생각할 때 마음속에서 뚜렷이 혹은 모호하게나마 이 협동의 목적을 염두에 두게 된다. 우리는 그 협동이 어떤 목적을 이루기 위한 것이라고 추측한다. 생명 과정의 '생물학적 의미'나 '기능'의 문제는 생물학의 주목을 끄는 문제들 중 하나이다. 그것은 개체의 생리학이나 혹은 그 개체의 한 기관의 생리학에서도 존재한다. 반면에 좀 더 고등한 통합의 수준으로 진행되면, 그 문제는 사회학에 존재한다. 물리학자나 화학자는 그가 연구하는 현상의 목적에 대해 연구하려 하지 않지만, 생물학자는 그것을 고려해야만 한다. 여기서는 과정의 목적이 좀 더 제한된 의미로 쓰인다. 필자는 물리학자가 왜 거기에 어떤 물체가 있고 움직임이 있어야만 하는가 하는 문제에 관심을 쏟는 것보다 생물학자가 왜 거기에 생명이 있는가 하는 문제에 더 관심을 기울여야 한다고 생각하지 않는다. 그러나 생물 바로 그 본질과 그들의 불안정한 상태는 우리로 하여금 다음의 질문을 하게 한다. 어째서 생물은 환경의 도처에서 파괴적인 힘에 의해 사라지지 않는가? 어떻게 생물은 살아남아서 보존하고 번식하는가? 이런 제한된 의미에서의 생명과정의 목적 혹은 목표는 보존(Maintenance), 즉 개체의, 집단의, 종의 보존 문제이다. 개체의 공동체는 유지되어야 하고 '생물체'와 마찬가지로 붕괴로부터 보호되어야 하며 개체의 이름이 함축하듯이 부분, 즉 기관의 공동체이며 기관의 부분적 공동체, 기관의 부분의 부분적 공동체인 것이다. 생리학자가 개체나 기관 혹은 세포가 어떻게 그 구조들의 조직화된 협동에 의해 자신을 유지하는지에 의문을 가지듯이 사회학자는 집단 내의 구성원들이, 즉 개체들이 어떻게 집단을 유지하는가에 대해 의문을 가진다.

이 장에서 필자는 먼저 야외 탐사를 통해 여러 동물의 종에 있어 집단생활에 관한 많은 실례를 들 것이다. 그리고 나서, 다음 장에서는 구성원인 개체들이 다른 개체나 집단 전체에 이익을 주는 사회 행동을 통해 어떤 기능을 수행하는지를 검토하려 한다. 그다음에는 협동이 어떻게 이루어지는지를 생각해 볼 것이다. 사회 행동의 기능과 인과 관계에 관한 이두 가지 측면이 사회 행동의 몇 가지 유형으로 논의될 것이다. 즉 배우자(Sex Partners), 가족, 집단생활과 싸움의 유형을 논의할 것이다. 이런 식으로 우리는 점차적으로 사회 구조에 대해 발견해 나갈 것이다. 이런 사회 구조들이 거의 항상 일시적 구조이기 때문에 우리는 그것들이 어떻게 생기나를 연구해야 할 것이다. 끝으로, 생물체가 오랜 진화의 과정에서 오늘날 우리가 관찰하고 있는 사회 조직의 형태로 발전하게 되었는지를 연구해야 한다.

# 02
## 재갈매기(Larus Argentatus) [25,71,105]

　가을과 겨울 내내 재갈매기는 떼(Flock)를 지어 산다. 그들은 떼를 지어 먹이를 먹고, 떼를 지어 옮겨 다니며, 떼를 지어 잠을 잔다. 여러분들이 때때로 먹이를 찾아다니는 재갈매기들을 보면, 그들로 하여금 떼를 짓게 하는 충분한 먹이 같은 외적 변인에 대부분 공동으로 반응하지 않는다. 필자가 아는 한 집단의 재갈매기들은 저습지에서 지렁이를 잡곤 했다. 필자는 그들이 하루는 한 저습지에 있다가 다음날엔 다른 저습지에 있는 것을 발견했다. 때때로 전체의 떼가 한 곳에서 다른 곳으로 옮겨가기도 한다. 지렁이는 어느 곳이나 풍부했고, 지렁이 공급이 다 소모되었기 때문에 갈매기들이 움직인다는 징조는 거의 없었다. 지렁이 전체를 잇달아 죽이는 것은 그렇게 쉬운 일이 아닌 것이다. 개별적으로 갈매기들이 다른 먹이 장소에서 올 때마다, 그들은 반드시 떼를 지어서 저습지의 어느 곳에도 앉지 못하게 한다. 바로 그들을 떼를 이루게 한 것은 다른 지역에서 온 그 갈매기들이었다. 무리 속의 갈매기들은 여러 가지 방법으로 서로 반응한다. 만약 여러분들이 너무 가까이 그들에게 다가가면, 그들 중 몇 몇은 먹는 것을 멈추고, 목을 길게 빼서 여러분을 열심히 바라볼 것이다. 곧 다른 갈매기들도 같은 행동을 하고, 결국 모든 갈매기가 여러분을 응시할 것이다. 한 마리가 그때 경계음, 즉 주기적으로 '가-가-가(ga-ga-ga)' 소리를 내고, 갑자기 그 갈매기가 날아가 버린다. 즉시 다른 갈매기들도 이를 따르고, 무리 전체가 떠나게 된다. 그 반응은 거의 동시적이다. 이것은 물론 그들의 행동을 해발시키는 외적 변인, 즉 우리에 대한 그들의 동시적 반응에 기인할 수 있다. 그러나 예를 들어 여러분이 몰래 위장하여 살그머니 접근한다면, 단지 한두 마리의 새가 여러분을 발견할 것이고, 그러면 여러분은 그들의 행동, 즉 목을 쭉 뻗고 경계음을 내고, 갑자기 날아가 버리는 행동이 아직 위험을 깨닫지 못하고 있는 다른 새들에게 어떻게 영향을 미치는지 발견할 수 있을 것이다.

봄이면 이 갈매기들은 떼를 지어 모래 언덕에 있는 번식지를 찾아간다. 한동안 그 주위 하늘을 빙 돈 후 짝을 지어서 군체(Colony)의 범위에 들어 있는 터에 정착한다. 그러나 모든 새가 짝을 짓는 것은 아니다. 많은 수가 남아서 소위 '클럽(Club)'을 형성한다. 표시를 해 준 갈매기들에 대한 길고 꾸준한 연구가 이 클럽에서 새로운 쌍이 탄생한다는 사실을 밝혀낼 수 있도록 했다. 암컷들은 짝을 이룰 때 능동적이다. 짝을 이루지 못한 암컷은 특이한 자세로 수컷에게 다가간다. 암컷은 목을 움츠리고 부리를 앞쪽으로, 또 약간 위쪽으로 내밀고 몸을 수평 자세로 잡고 선택한 수컷의 주위를 천천히 걷는다. 수컷은 두 가지 방법 중 하나로 반응할 수 있다. 거

드름을 부리며 점잖게 걷기 시작해서 다른 수컷들을 공격하거나 긴 음을 내고, 무심코 암컷을 데려간다. 그러면 암컷은 머리를 기묘하게 흔들면서 먹이를 달라고 조르기 시작한다. 그러면 수컷은 이 구걸 행동(Begging Behaviour)에 반응하여 약간의 먹이를 게워내고 암컷은 이것을 게걸스럽게 먹는다(그림 1). 봄에는 이것이 단지 희롱에 불과할 수도 있고, 어떤 진지한 유대의 필요도 생기지 않는다. 그러나 대개 각 쌍들이 서로에게 애착을 갖게 되면 이런 식으로 짝 형성이 일어난다. 일단 한 쌍이 형성되면 다음 단계, 즉 집짓기를 위한 재료를 구하러 간다(House-Hunting). 그들은 클럽을 떠나서 군체 내의 어딘가에 영토를 정한다. 여기서 그들은 둥지를 짓기 시작한다. 암수 모두가 둥지 재료를 모아서 그것을 둥지 자리에까지 운반한다. 거기서 그들은 교대로 앉아서 다리로 땅을 긁어 얕은 구멍을 파고, 풀과 이끼로 선을 표시한다.

　하루에 한두 번 이 새들은 교미를 한다. 이것은 항상 긴 의식에 의해 도입된다. 마치 그것은 먹이를 달라고 조르듯이, 배우자 중의 하나가 머

그림 2 | 재갈매기 수컷의 몸을 곧추세운 위협 자세

리를 흔들기 시작한다. '구애 급이(Courtship Feeding)'와 다른 점은 두 마리 다 이 머리 흔들기 동작을 할 수 있다는 것이다. 한동안 이것을 계속하다가, 점차 수컷이 목을 뻗기 시작하고, 곧 공중으로 날아가서 암컷의 등에 올라간다. 수컷이 그의 총배설강(Cloaca) 총배설강(Cloaca): 조류, 파충류, 따위의 배설구와 생식기를 겸하고 있는 장관의 끝의 구멍을 암컷의 총배설강에 반복적으로 갖다 대면서 교미가 이루어진다. 짝짓기, 둥지 짓기, 구애 급이, 교미 외에 다른 행동 패턴이 일어날 수 있는데, 이것은 수컷 사이에 나타나는 싸움(Fighting)이다. 이미 클럽에 있을 때도 수컷의 공격성이 너무 강렬해지면 주변의 다른 갈매기들을 쫓아 버린다. 일단 영토를 확보하면 수컷은 침입자를 참을 수가 없다. 각 침입자는 공격을 받는다. 대개, 진짜 공격은 이루어지지 않고, 위협만으로도 그 낯선 방문객을 쫓아내기에 충분하다.

위협에는 세 가지 종류가 있다. 그중 가장 온유한 형태는 '수직 위협 자세(Upright Threat Posture)'로서 수컷은 목을 쭉 빼고 부리를 아래로 향하게 하고 때때로 날개를 들어 올린다(그림 2). 이런 자세로 수컷은 몸의 근육을 모두 긴장시키고 대단히 뻣뻣하게 그 낯선 방문객 쪽으로 걸어간다. 같은 의도로서 좀 더 강력한 표현은 '풀 뽑기(Grass Pulling)'이다. 수컷은 상대방에게 아주 가까이 다가가서 갑자기 몸을 굽혀 사납게 땅을 쪼아댄다.

그리고 몇몇 풀잎, 혹은 이끼나 뿌리들을 물어서 뽑아 버린다. 암수가 이웃해 있는 한 쌍을 만났을 때 그들은 세 번째 종류의 위협인 '숨 가쁜 소리'를 하게 된다. 그들은 꼬리 부분을 굽히고, 가슴을 낮추어서 부리를 아래로 향하게 하고 설골(舌骨)을 낮춘 채로 대단히 기묘한 얼굴 표정을 짓고 땅을 쪼는 일련의 불완전한 동작을 한다. 이것은 주기적으로 거친 울음 같은 소리를 함께 낸다.

이런 위협 동작들은 분명히 다른 갈매기들에게 영향을 준다. 그들은 공격의 뜻을 이해하고는 대개 물러간다. 알을 낳으면, 한 쌍은 서로 번갈아가며 그 위에 앉는다. 여기에서 그들의 협동은 인상적이다. 그들은 결코 알을 혼자 남겨두지 않는다. 하나가 알을 품고 있을 때, 다른 하나는 몇 마일이나 떨어진 곳에서 먹이를 구한다. 그가 둥지로 돌아올 때까지 알을 품고 있는 새는 기다린다. 그가 둥지로 접근할 때 특이한 동작과 소리를 낸다. 대개 길게 끌리는 '고양이 울음소리(Mew-Call)'를 내며, 자주 둥지의 재료를 운반해 온다. 그러면 알을 품고 있던 새가 일어서고, 다른 한 마리가 그 자리로 간다. 알을 돌보는 것도 사회 행동이라고 불리는데, 왜냐하면 알은 태어나서부터 한 개체이기 때문이다. 대개 우리는 한쪽 관계만으로는 진정한 사회적일 수가 없다고 생각하는데, 사실 알은 움직일 수는

20

그림 3 | 새끼에게 먹이를 먹이고 있는 재갈매기

없지만 어미 새에게 깊은 영향을 미치는 특별한 자극체인 것을 잊어서는 안 된다.

알들이 깨어나자마자, 어미와 자식 간의 관계는 정말 상호적인 것이 된다. 처음에는 새끼들은 수동적으로 키워지는 것 외에 별로 행동하지 않는데, 몇 시간이 지나면 새끼들은 먹이를 달라고 조르기 시작한다. 어미 새가 새끼에게 일어날 기회를 주면, 그들은 어미의 부리 끝을 향해 쪼는 동작을 한다. 곧 어미는 반쯤 소화된 물고기, 게 종류, 혹은 지렁이 덩어리를 게운다. 어미 새는 부리 끝 사이에 소량을 가져다가 새끼에게 꾸준히 주는데(그림 3), 새끼들은 머리를 앞으로 향하고는 그것들 중 하나를, 여러 번 실패를 거친 후에 간신히 받아서 삼킨다. 또 새로 한 입, 또는 몇 번 더 주어지게 된다. 새끼들이 조르는 것을 멈추면 어미 새는 재빨리 나머지를 삼키고 새끼들에게 다가간다.

부모와 자식 간의 관계가 뚜렷해지는 것은 포식자들이 나타났을 때이

그림 4 | 몸을 웅크리고 있는 재갈매기의 새끼

다. 개, 여우, 인간에게는 가장 강렬한 반응을 일으킨다. 어미들은 잘 알려진 경계음 '가가가! 가가가가가!'를 외치며 날아오른다. 이 소리는 두 가지 면에서 의사소통으로 작용한다. 새끼들은 은폐물로 달려가서 웅크린다. 군체의 모든 성체 새들은 모두 날아올라서 공격 준비를 한다. 그러나 침입자에 대한 실제 공격은 각 쌍에 의해 개별적으로 이루어진다. 각 새들은 침입자가 둥지로 다가왔을 때 급습하거나 그 포식자를 한 다리 혹은 두 다리로 치기도 한다. 때때로 '폭탄 투하(Bombing)'라는 불쾌한 무기가 사용되는 공격도 있는데, 이 폭탄은 주로 게운 음식이나 변(便)이다. 그러나 이러한 공격은 완전한 성공을 가져오지는 못한다. 여우, 개, 혹은 인간은 그런 공격으로 인해 다소 혼란을 겪기는 하지만 흩어져서 여우, 개 그리고 인간이 혼자만 남아 있을 때처럼 철저하게 찾게 되는 것으로부터 확실히 방해를 받는다. 여기에서 그들이 몇몇 둥지, 특히 새끼들을 놓치지만 그들이 우연히 둥지와 새끼를 발견하게 되는 것을 막을 수는 없는 것이다. 그러나 이런 상대적인 비효율성은 모든 생물학적 기능에서 찾아볼 수 있다. 즉 그 기능들 중 그 어떤 것도 절대적이고 완전한 성공으로 이끌지는 못한다. 그러나 그것들 모두는 성공을 향해서 무엇인가 공헌할 수는 있다. 포식동물들에 대한 방어의 가장 큰 수단은 은폐색(Cryptic Colour)과 새끼의 행동이다. 사실상 움츠리는 것의 전체적인 기능은 시각을 통해 사냥하는 포식자의 눈에 잡히는 것을 피하기 위해서이다(그림 4).

하루쯤 지나면 새끼들은 더 잘 움직일 수 있다. 그들은 둥지에서부터 조금씩 움직이기 시작해서 터 주위를 기어 다닌다. 그들은 인간들의 잦은 방해나 자연 애호가들의 방문으로 강요받지 않는 한 그들의 터를 떠나지 않는다. 너무 지나친 사랑은 새끼들에게 오히려 치명적인데, 왜냐하면 그 터를 떠나면 이웃에 의해 공격받아 죽기 때문이다. 진정한 자연 애호가라면 조금 떨어진 거리에서 갈매기의 생활을 관찰하는 데서 더 큰 만족을 느껴야 할 것이다. 그러면 지금까지 서술된 것을 관찰할 수 있을 것이다.

우리는 사회 조직에 대한 수많은 증거를 살펴보았다. 이 조직의 한 부분은 짝짓기의 목적에 도움을 주는 것이었다. 그러나 암컷과 수컷의 협력 관계에서는 짝짓기와는 관계없이 가족에 관한 것도 있다. 그 밖에 어미와 자식 간의 협력이 있다. 새끼는 어미가 그들에게 먹이를 주도록 재촉하고, 어미는 새끼에게 한쪽에 얌전히 있도록 한다. 다른 쌍과의 사이에도 협력 관계가 있는데, 예를 들면 경계음은 전체 군체에 경계 태세를 갖추게 한다. 그 결과 많은 새끼들을 키우게 되며 이것은 우리가 너무 자주 언급해서 진부해 보이지만, 이 복잡한 사회 유형에서 아주 작은 소홀함조차도 치명적일 수 있다. 그런 예를 하나 들어보면, 필자는 몇 번인가 새끼를 부화하고 있던 갈매기가 '다리를 뻗기 위해서' 잠시 일어서는 것을 보았다. 그가 2m 정도 떨어진 곳에서 날개를 부리로 다듬고 있는 동안, 다른 갈매기가 급습하여 알을 쪼개 두 쪽으로 만들었다. 그 갈매기가 내용물을 먹기 전에 어미 갈매기가 그를 쫓았다. 결과적으로 알은 어미의 소홀함으로 인해 잃어버린 것이다. 또 다른 경우인데, 필자가 관찰했던 어떤 한 쌍에서 수컷은 전혀 알을 품으려 하지 않았다. 그는 암컷을 전혀 자유롭게 풀어 주지 않았다. 암컷은 혼자서 아주 끈기 있게 버티며 거의 20일 동안 알 위에 앉아 있었다. 21일째 암컷이 떠나자 결국 그 알은 부화하지 못했다. 새끼 입장에서는 재난이었지만 그 종에 있어서는 무엇보다 다행이었다. 왜냐하면 아버지로부터 그런 유전적 결점을 물려받아 종에 퍼뜨리지 않을 수 있었기 때문이다.

# 큰가시고기(Gasterosteus Aculeatus) 50,51,70,101,110

번식기 이외의 기간에 큰가시고기는 떼를 지어 산다. 그들이 함께 먹이를 찾아다닐 때 갈매기들 사이에도 있을지 모르지만 그렇게 많이 관찰할 수는 없었던 행동 양식을 하나 볼 수 있을 것이다. 물고기 하나가 특히 맛있는 먹이를 발견해서, 탐욕스러운 큰가시고기식의 방법으로 먹으려고 할 때, 다른 물고기들이 몰려와서 그것을 빼앗으려고 한다. 이런 식으로 하면, 몇몇 물고기만이 먹이를 조각내서 자기 몫으로 확보할 수 있기 때문에 일부는 행운을 가질 수 있다. 불운했던 나머지 물고기들은 바닥에서부터 먹이를 다시 찾기 시작한다. 이것은 언제, 어디에서든 무리 중의 하나가 먹이를 발견하면, 나머지 고기들은 그때 그곳을 찾아보도록 자극을 받고 있음을 의미하는데, 이런 식으로 피식 동물군들이 발견되면 마지막 한 마리까지 잡아먹힌다.

재갈매기와 마찬가지로 큰가시고기의 번식기는 우리가 가을이나 겨울에 볼 수 있는 것보다 훨씬 더 복잡한 사회 협력 아래서 시작된다. 우선 수컷들은 무리에서 떨어져 나가서 터를 선택한다. 그들은 밝게 빛나는 혼

그림 5 | 큰가시고기 수컷 두 마리의 영토 경계 싸움(Ter Pelkwijk and Tinbergen, 1937)

인색을 띠기 시작한다. 눈은 빛나는 푸른색이 되고 등은 흐릿한 갈색 대신에 초록빛을 띠게 되고, 아랫부분은 빨갛게 된다. 다른 물고기들 특히 수컷이 그 터를 침범하면, 그 수컷은 공격을 받는다(그림 5). 또한 싸움은 위협 행동보다 드문 편이다. 큰가시고기 수컷의 위협 행동은 특이하다. 지느러미의 가시들을 세우고 물어뜯을 듯이 입을 벌리고 상대에게 돌진할 뿐만 아니라, 상대가 즉시 달아나지 않고 저항할 때 터의 주인은 실제로 물지는 않지만, 물속에서 몸을 수직으로 세우고 마치 코 부분을 모래 속에 처박을 듯이 급격히 몸을 움직인다. 또한 흔히 배지느러미 가시들을 하나 또는 둘 모두를 똑바로 세운다.

만약 수컷이 별달리 방해받지 않으면 곧 둥지를 짓기 시작한다. 자리를 정해 놓고 바닥에서 한입씩의 모래를 가져와서 12~15㎝ 정도 둘레에 떨어뜨린다. 이런 식으로 얕은 구덩이가 만들어진다. 그러고 나서 수컷은 주로 실 모양의 조류(藻類)들을 둥지 재료로 모아 오고, 그것들을 구덩이 속에 눌러 놓는다. 때때로 수컷은 그 재료들 위로 천천히 몸을 떨면서 기어 다니면서, 은밀하게 그 식물들을 서로 붙이는 끈끈한 접착액을 분비한다. 몇 시간 혹은 며칠이 지난 후에 일종의 초록빛 덩어리가 만들어지고 나면, 수컷은 스스로 그 안을 꿈틀거리며 통과해서 일종의 터널 비슷한 것을 만들어 놓는다.

사진 1 | 거울에 비친 자신의 상을 보고 위협 자세를 취하고 있는 큰가시고기 수컷

이제 둥지는 완성되었다. 즉시 수컷은 몸의 색깔을 바꾼다. 빨간색이 더욱 강렬해지고, 등에서 발견되던 검은색 세포들이 미세한 점들로 바뀐다. 그 때문에 피부의 더 깊은 층에 위치해 있던 구아닌(Guanin)*의 근저에 있는 빛나는 푸른색의 수정 모양의 결정체들이 이제 빛나는 흰색을 띠는 푸른빛이 된다. 반짝이는 눈과 함께 밝은 빛깔의 등과 어두운 붉은빛의 아래쪽 부분이, 이제 수컷을 완전히 두드러져 보이게 한다. 이런 매력적인 모양

---

\* 구아닌(Guanin): 2-아미노-6-옥시프린. 핵산의 구성 성분이며, 구아노 속에 많이 들어 있다.

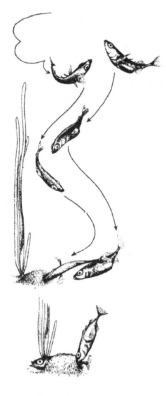

그림 6 | 큰가시고기 수컷의 구애 과정
(Tinbergen, 1951)

을 자랑하면서 수컷은 그의 터를 위아래로 으스대며 다닌다.

그동안 암컷들은 둥지 짓는 일에 전혀 신경 쓰지 않고 밝은 은색 광택을 띠면서, 난소에서 자란 부피가 큰 알들로 인해 몸을 무겁게 부풀리고 있다. 그들은 무리 주위를 목적 없이 돌아다닌다. 그들은 조건이 좋은 큰가시고기의 거주지에서, 그날 내내 점령된 터들을 지나다닌다. 각 수컷들은 암컷을 받아들일 준비가 되면, 암컷 주위에서 기묘한 춤을 추기 시작한다(그림 6). 각 춤은 급변하는 동작들로 구성되는데, 암컷으로부터 멀리 헤엄쳐 나가는 듯하다가 첫 번째 회전을 하고 입을 넓게 벌린 채로 갑자기 암컷에게 돌아간다. 때때로 수컷은 암컷에게 부딪치기도 하는데, 대개는 바로 그 암컷 앞에서 멈춰 서서, 새로 동작을 하기 위해 돌아선다. 이런 지그재그 형태의 춤은 대부분의 암컷들을 놀라게 하여 달아나 버리게 하지만, 산란할 수 있을 만큼 충분히 성숙한 암컷 하나는 정반대로 수컷에게 다가가며, 동시에 몸을 다소 곧게 세운다. 수컷은 즉시 한 번 빙 돌아서 둥지 쪽으로 서둘러 헤엄쳐간다. 암컷은 그 뒤를 따른다. 둥지에 이르면, 수컷은 이제 몸을 꿈틀거리며 둥지 속으로 들어가려고 하는 암컷에게 옆과 등을 향하도록 몸을 축으로 하여 회전하면서 입구로 코 부분을 들이민다. 암컷은 꼬리로 강하게 치면서 좁은 구멍을 통과하여 미끄러져 들어간다. 암컷은 머리를 한쪽 끝에 나오게 하고 꼬리를 다른 쪽으로 나오게 하여 둥지 속에 남아 있는다. 수컷은 이제 코 부분으로 암컷의 꼬리 부분을 재빨리 쿡쿡 찌르기 시작한다. 잠시 후 암컷은 꼬리를 들기 시작하여 곧 산란을 한다. 이것이 끝나면 암컷은 조용히 둥지를 빠져나오고, 수컷이 미끄러지듯 들어가서 알들을 수정시킨다. 그 후 수컷은 암컷을 쫓아 버리고 다시 둥지로 돌아와서 암수가 지나다니느라 들어 올려지고 찢겨진 윗부분을 다시 복구하고, 알들을 가지런히 하여 둥지의 지붕 아래에 잘 숨긴다. 이것으로 짝짓기 의식은 끝난다. '결혼(Marriage)'도 없고, 개인적 관계들도 없으며, 암컷은 단지 알을 낳을 뿐이다. 알과 새끼를 돌보는 것은

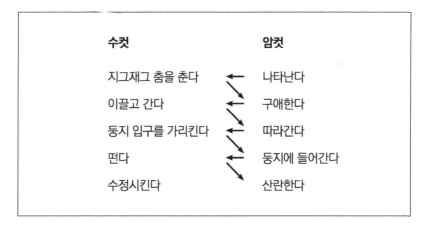

수컷의 일이다. 그러므로 암수와의 교류는 단지 다음에 요약되어 나타나는 일련의 재빠른 상호 반응일 뿐이다.

수컷은 며칠 동안 두 번, 세 번, 혹은 그 이상 구애를 해서 둥지 속에 몇 무더기의 알을 모을 수도 있다. 그러면 수컷의 성적 욕구는 약해지고, 구애하는 대신, 새끼 돌보기 행동(Parental Behaviour)을 시작한다. 침입자들, 수컷, 암컷, 포식동물의 접근을 막고 알들에게 통풍을 시킨다. 이것은 '부채질하기(Fanning)'라고 불리는 특이한 동작에 의해 이루어진다. 수컷은 둥지의 입구에 서서 머리를 경사지게 기울이고, 수컷은 번갈아 가슴 부분의 지느러미를 앞으로 움직임으로써 둥지로 수류를 공급한다. 그의 몸에 작용하는 뒤쪽으로부터의 압력에 대항하여 그는 꼬리 부분으로 앞쪽으로 수영하는 동작들을 하는데, 이것으로 해서 그는 같은 자리에 서 있게 된다. 이 동작을 통해서 위와 아래로부터 물의 수류가 물고기 쪽으로 빨려 들어가서 부분적으로는 둥지 쪽으로, 또 부분적으로는 뒤쪽으로 보내진다. 둥지, 환경 그리고 알들로부터의 복잡한 자극 상태가 이 활동을 조절한다. 부채질에 보내는 시간은 다음 8일이 지나는 동안 증가하게 된다. 처음에는 각 30분마다 부채질에 200초가량이 소요된다. 이것은 그 주가 끝날 때까지 점점 늘어나서 그 시간의 3/4을 차지하게 된다. 이렇게 증가하는 이유는 부분적으로는 내적 충동이 점점 증가하기 때문이기도 하고, 또 부분적으로는 알들이 자라남에 따라 점점 더 많은 산소를 요구하게 되기 때문이기도 하다. 즉 결과적으로 산소의 부족이 수컷의 부채질을 활성화시킨다.

그림 7 | 새끼들을 호위하는 큰가시고기 수컷

새끼들은 7~8일 후에 알에서 깨어나서 하루쯤 둥지에 남아 있다. 그러고 나서 움직이기 시작한다. 그러면 수컷의 부채질이 갑자기 멈추고, 이제 새끼들을 조심스럽게 호위하기 시작한다(그림 7). 하나가 헤엄치기 시작하여 무리 속을 빠져나가려 하면, 수컷은 입으로 덥석 물어서 무리 속에 도로 뱉어낸다. 대부분의 새끼들은 너무 느려서 도망칠 수 없다. 종종 새끼들이 수컷으로부터 도망치는 경우가 있는데, 그때 여러분은 새끼들이 하나씩 갑자기 쏜살같이 물의 표면 쪽으로 달려가서, 표면에 닿으면 다시 아래로 돌진해 내려오는 것을 볼 수 있을 것이다. 수컷이 그것을 보면 그들을 따라가려고 하지만, 대개 놓쳐 버리는데 새끼들이 아래로 다시 내려온 뒤에야 잡을 수 있다. 새끼들의 이런 묘한 행동은 특별한 기능을 가진다. 표면에서 그들은 미세한 공기의 기포를 덥석 물고, 그 기포는 내장과 좁은 한쪽 통로를 통해 부레에 이른다. 일단 첫 번째 기포가 거기에

도착하면, 부레는 그것에 의해 더 많은 가스를 만들 수 있다. 어린 고기가 일생에 단 한 번 하는 그 표면으로 향한 기세 좋은 짧은 여행이 그렇게 빨라야만 하는 데는 두 가지 이유가 있다. 포식동물들로부터, 그리고 수컷의 주목에서 벗어나야 하기 때문이다.

다음 2주 동안에는 새끼들이 좀 더 자라게 되면서 점점 더 활동적이 되어서 둥지로부터 차츰 더 멀리 이동하게 된다. 수컷이 그들을 지켜주려던 경향이 점점 사라지고, 대신 새끼들 스스로가 자신을 지키게 된다. 그러나 수컷은 계속 그들을 호위한다. 그러나 점차적으로 그는 흥미를 잃고, 그 빛나던 빛깔도 잃고, 몇 주 후에는 결국 자기의 터를 떠나서 자기 동료들의 무리를 찾아 나서고, 새끼들은 그들과 비슷한 또래와 무리를 이루어 나간다.

큰가시고기의 사회 행동은 재갈매기의 행동과 여러모로 닮았다. 비록 큰가시고기에서는 암컷과 수컷 간에 수정이 끝난 후에는 사회적 관계가 끝나지만 수정이 끝날 때까지는 재갈매기와 마찬가지로 제휴가 있는 것이다. 수컷과 알과의 관계, 수컷과 새끼들 간의 관계, 새끼들 사이의 관계가 있고 싸움도 있다. 새끼들이 어떤 방법으로 아버지를 자극하면, 그는 여러 가지 종류의 어미의 행위로 이에 답한다. 아버지가 새끼들에게 어떤 영향을 주어(때때로 새끼들을 뒤로 데리고 가는 것과는 별도로) 그들을 둥지 근처에 머무르게 하는지의 여부는 아직 불확실하다.

# 04
## 뱀눈나비(Ewmenis semele) [108]

그러면 곤충들의 행동에 대해 공부해 보자. 필자는 다른 곤충들보다 뱀눈나비에 대해 더 많이 알기 때문에 뱀눈나비(그림 8)를 택했다.

애벌레들은 건조한 거주지에서 자라는데 딱딱하고 건조한 풀 속에서

그림 8 | 뱀눈나비 위: 등 쪽에서 본 것, 아래: 배 쪽에서 본 것. 수컷의 왼쪽 날개에 있는 냄새 비늘은 어두운 색으로 대략 표시되어 있다(Tinbergen et al., 1942)

가을과 겨울을 보낸다. 그들은 봄이 끝날 때까지 번데기로 지낸다. 7월이 시작되면 나비가 되어 나타난다. 그들은 대부분의 시간을 먹이를 먹는 데 보낸다. 여러 꽃에서 꿀을 빨아 먹고 '수액을 내는(Bleeding)' 나무들을 찾아다니기도 하는데, 이 나무들은 특히 살아 있는 나무에 구멍을 뚫는 꿀벌레큰나방(Goat Moth)에 의해 많이 피해를 당한다. 뱀눈나비는 다섯, 열 혹은 그 이상으로 무리지어 다니지만 이 모임이 모두 사회적인 것은 아니다. 이것은 단지 외부 자극, 즉 먹이의 빛깔과 향기에 이끌려서 모이게 된 것일 수도 있다. 곧 번식 행동의 패턴이 나타난다. 수컷들은 먹이를 찾아다니던 것을 멈추고 땅 위나 나무껍질 위에 자리를 차지한다. 그들은 방심하지 않고 주위를 감시하면서 다른 나비들이 지나갈 때마다 날아올라서 뒤쫓아 간다. 만약 지나가던 나비가 짝지을 준비가 된 암컷이면 그 암컷은 곧 땅에 내려앉음으로써 수컷의 접근에 반응한다. 수컷은 그 뒤를 따라 내려앉는다. 그리고 암컷에게로 다가가서 암컷을 마주하고 자리를 잡는다. 만약 암컷이 응답으로 날개를 움직이지 않고 가만히 있으면(이때 펄럭거림은 짝짓기에 적절하지 않음을 가리키며, 그러면 수컷은 떠나가 버리게 된다) 수컷은 우아하게 구애를 시작한다. 먼저 그 수컷은 날개를 위와 앞으로 재빨리 연속해서 몇 번을 움직인다. 그리고 나서 날개를 약간 들어 올려서 앞날개에 있는 아름다운 검고 하얀 점들이 보이게 한 다음, 날개의 앞부분을 리드미컬하게 여닫으며, 촉각을 움직인다.

이것은 몇 초 혹은 1분까지 계속될 수 있다. 그리고 나서 앞날개들을 떨리는 동작으로 들어 올려서 천천히 넓게 펼치며, 비록 수컷은 몸을 거

그림 9 | 뱀눈나비의 인사 동작(Tinbergen et al., 1942)

의 움직이지 않지만, 마치 암컷의 앞에서 깊숙이 인사하고 있는 것처럼 보인다(그림 9). 그리고 나서 계속 이 자세로 앞날개 사이에 있는 암컷의 촉각을 붙잡으며, 두 앞날개를 접는 것이다. 이런 전체적인 절을 하는 데는 1초보다 약간 더 걸릴 뿐이다. 그리고 나서 수컷은 날개를 빼내고 재빨리 암컷의 바로 뒤로 빙 돌아가서, 그의 복부를 앞으로 향하게 해서 암컷의 교미 기관과 접촉한다. 이것이 성공하면, 암컷과 서로 외면하도록 빙 돌아선다. 이런 자세로 교미가 실행된다. 30분에서 45분가량이 지난 후 결합이 깨지고 두 개체는 서로 영원히 떠난다. 뱀눈나비는 일생의 나머지 기간을 결코 다른 나비와 진정한 교제를 하지 않고 혼자 지낸다. 암컷은 애벌레들에게 먹을 것을 제공해 줄 수 있는 풀 속의 한 장소를 주의 깊게 선택해서 알을 낳는다. 알들은 무리 지어 있지 않고 유충들은 다른 종들이 서로 교제하듯이 서로 교제하는 일도 없다. 즉 짧은 짝짓기에서의 교제 이외에는 어떤 사회 행동도 이루어지지 않는다.

# 05
## 사회 협동의 종류

　둘 이상 개체 사이의 협력은 친화력으로 시작된다. 개체들은 서로 우연히 마주치기만 하지 않고, 흔히 아주 먼 거리에서부터 서로에게 다가간다. 4월에 나이팅게일새의 수컷(Luscinia Megarhyncha)은 그들의 번식지에 도착한다. 그들의 도착은 크게 계속되는 노래로 알 수 있다. 이른 아침에 그들을 지켜보는 것은 꽤 멋진 일이다. 각 수컷들이 자기들 터에서만 돌아다니고 있다는 것은 곧바로 알 수 있다. 또한 수컷들은 모두 단서성이다. 거기에는 아직 암컷들은 없다. 만약 여러분이 날마다 수컷들을 관찰한다면, 어느 날 암컷이 도착해서 수컷과 함께 있는 것을 발견할 것이다. 이때부터 그들은 짝을 이룬다. 암컷은 수컷보다 더 많은 날들을 혼자서, 지중해를 중심으로 한겨울 거주지에서 북유럽의 위도에 이르기까지의 전체 거리를 여행한다. 그런데도 암컷이 수컷을 발견한다는 것은 얼마나 놀라운 일인가? 어떻게 이것이 가능할까?

　또 다른 놀라운 예는 참나무산누에나방(Emperor Moths, Saturnia)에서 찾아볼 수 있다. 남쪽에 있는 종의 하나인 S. pyri는 유명한 프랑스의 곤충학자 파브르(Fabre)에 의해서 연구되었다. 그는 사육 상태의 번데기에서 막 부화된 암컷이 어떻게 곧 수컷들에게 둘러싸이게 되는지를 알아냈다. 그 지방에는 그 종이 희귀하기 때문에 그 수컷들 중 몇몇은 상당한 거리에서 온 것이 틀림없었다. 수많은 다른 종류의 나방들, 예를 들어 솔나방과(Lasiocampidae), 독나방과(Lymantriidae), 주머니나방과(Psychidae)에서도 비슷한 관찰을 할 수 있다.

이러한 예들은 처음에는 인간보다 훨씬 더 뛰어난 능력을 보여주기 때문에 우리를 놀라게 한다. 그러나 그렇다고 해서 꼭 이들이 보다 짧은 거리에서 모여든 많은 다른 종들의 능력보다 본질적으로 더 신비스러운 것은 아니다. 모기떼, 바다의 돌고래 떼, 농장의 거위 가족 등 함께 모여 사는 수많은 다른 동물들의 경우도 앞에서 말한 두 경우만큼 신비스럽다. 무엇보다도 우리는 어떤 감각 기관이 포함되어 있는지도 모른다. 그들은 서로를 보았을까? 혹은 듣거나 냄새를 맡은 것일까? 혹은 우리가 알지 못하는 어떤 감각 기관을 사용한 것일까? 그리고 만약 우리가 어떤 감각 기관들이 사용되는지를 안다고 해도, 왜 그들은 전달된 메시지를 따르는 것일까? 어떻게 그들은 그것이 의미하는 바를 아는 것일까? 다시 말하자면, 바로 그 협동의 메커니즘은 무엇일까? 한 걸음 더 나아가 우리는 그들이 집단을 이루는 목적을 알고자 한다. 찌르레기나 제비들이 모여 사는 이유는 무엇인가? 우리의 주의를 좀 더 세세한 곳에 집중시켜보자. 즉 수컷 뱀눈나비의 '인사(Bow) 동작'의 기능은 무엇인가?

일단 동물들이 모여 있으면, 우리는 수많은 종류의 협동을 보게 된다. 협동의 가장 단순한 형태는 '다른 개체와 같은 일을 하는 것'이다. 한 마리의 재갈매기가 날아가면 다른 것들도 날아간다. 가축으로 기르는 암탉은 그들의 배고픔을 막 해결한 후에도 그들 중 하나가 다시 먹기 시작하면, 전에 큰가시고기에서 언급했듯이, 다시 끼어들어서 모두 새로 먹을 것을 찾기 시작한다.37 이런 것을 맥도갤(McDougall)58은 '공감적 유발(共感的誘發, Sympathetic Induction)'이라고 불렀는데, 이것은 인류를 포함한 수많은 사회성 동물에게서 작용한다. 다른 사람이 하품하는 것을 보면 우리도 하품하게 되고, 다른 사람에게서 강렬한 공포의 표시를 보게 되면 우리도 공포에 질리게 된다. 이것은 모방과는 관련이 없다. 왜냐하면 반응하는 개인은 다른 사람에게서 어떤 동작을 배운 것이 아니라 같은 분위기로 옮겨가서, 자신의 내재된 동작들에 의해 반응하는 것이기 때문이다.

찌르레기나 섭금류(두루미, 백로 등; Waders)의 떼가 나는 것을 관찰하면 또 다른 종류의 협동을 볼 수 있다. 어떤 동물들은 다른 것들이 날 때 따라 날 뿐 아니라, 그들의 비행을 통해 다른 것들의 비행을 유도한다. 수천의 찌르레기 떼가 겨울 저녁에 그들의 보금자리 위를 날면서 마치 지휘를 받고 있는 것처럼 왼쪽, 오른쪽, 위와 아래로 회전하는 모습은 대단히 매력적이다. 그들의 협동은 너무 완벽해서 사람들은 개체들을 잊어버리고 자동적으로 그들을 구름 떼나 하나의 거대한 '초개체(Super-Individual)'를 연상하게 한다.

이런 모든 경우에는 참여하고 있는 모든 동물은 같은 일을 한다. 그러

그림 10 | 암컷에게 먹이를 건네주는 황조롱이 수컷

나 많은 다른 경우의 협동의 유형은 분업이다(Divisior of Labour). 먹이를 구하는 새, 예를 들어 수컷은 늘 전체 가족을 위해 사냥을 한다. 반면에 암컷은 새끼들을 보호한다. 수컷은 먹이를 둥지로 가져오지만, 직접 새끼들에게 먹이지 않고 그의 짝(그림 10)에게 넘겨주어, 암컷이 새끼들에게 먹이게 한다. 많은 새들은 첫 배의 새끼들이 스스로를 돌볼 수 있기도 전에 두 번째 배의 새끼들을 낳는다. 이것은 어미 새들이 동시에 알들을 부화시키기도 하고, 새끼들을 보호하기도 해야 한다는 것을 의미한다. 쏙독새(Nightjar, Caprimulgus Europaesus)44의 경우, 임무는 분담된다. 수컷은 새끼들과 함께 있고, 암컷은 새알 위에 앉아 있다. 흰죽지꼬마물떼새(Ringed Plover, Charadrius Hiaticula)44의 경우, 수컷과 암컷이 번갈아 가며 하는

그림 11 | 새끼에게 먹이를 먹이는 검은노래지빠귀

데, 때때로 한쪽이 둥지 쪽으로 가고 있는 새끼들을 호위하고 있으면, 앞아 있던 다른 쪽의 새가 새끼들 쪽으로 날아가서 서로를 도와주기도 한다.[49] 이것은 밀접한 협동과 동조성을 필요로 한다.

분업은 꿀벌 집단에서 전적으로 수행되고 있다. 여왕은 혼자 알을 낳는다. 수컷들은 그 동정의 여왕들을 수태하게 하는 것 외에 다른 임무가 없다. 모든 다른 일은 일벌, 즉 생식력이 없는 암벌에 의해 수행된다. 일부는 벌집을 짓고, 다른 것들은 애벌레를 기르고, 또 일부는 벌통을 지키며 침입자들을 쫓아내고, 또 일부는 날아다니며 꿀벌과 꽃가루 등을 모은다.

분업은 많은 경우 상호적이다. 뱀눈나비의 짝짓기 행동과 다른 많은 종의 짝짓기 행동이 좋은 예가 된다. 수컷의 구애는 암컷에게 협력하도록 자극해서, 실제 교미에서 교미 기관들을 포함하여 암컷과 수컷의 동작이 함께 완전히 일치되도록 한다. 여러 종에서 이러한 협력이 수많은 방법으로 이루어진다. 많은 경우 필자가 언급했던 종들에게서 더 복잡하게 나타난다: 잠자리(Dragonflies), 오징어(Squids), 달팽이(Snails), 영원(Newts)을 생각해 보자. 그러나 가장 간단한 경우의 상호 협동의 경우에도 풀리지 못한 많은 문제가 있다. 누구든지 검은노래지빠귀(Blackbird, Turdus Merula)나 다른 명금(우는새, Songbird)이 새끼에게 먹이를 먹이는 것을 보면, 실제 그런 협동을 볼 수 있다. 어미 새들이 먹이를 찾으러 간 동안, 새끼들은 둥지 속에 가만히 앉아 있다. 그러나 어미 새가 둥지의 가장자리에 앉으면, 새끼들은 일어나서 목을 뻗치고 '입을 크게 벌린다(Gape)'(그림 11). 그러면 어미 새는 몸을 구부리고 그들 중 하나의 입에 먹이를 넣어줌으로써 이에 반응한다. 그러면 그 새끼는 먹이를 삼키고 다시 앉는다. 이것이 끝이 아니다. 대개 어미 새들은 주의 깊게 둥지를 내려다보면서 기다린다. 곧 새끼들의 움직임을 볼 수 있다. 그들 중 하나 혹은 둘이 그들의 복부를 흔들기 시작한다: 총배설강 주위의 가시 모양의 깃털들이 작은 원을 그리며 퍼져 있고, 즉시 배설강을 통해 하얀 변 무더기가 나타난다. 어미 새는 그것을 주워서 삼키거나, 둥지 밖으로 떨어뜨린다. 이런 식으로 둥지의 위생이 협동에 의해 이루어진다. 새끼들은 능숙하게 그들의 배설물을 어미에게 보여주고, 어미새는 그것을 집어서 처리한다. 입으로 새끼를 키우는 물고기들은 상호 행동의 또 다른 예를 제시한다. 큰 열대 담수어 키클리드(Cichlid, Tilapia Natalensis)의 암컷을 예로 들면 수컷이 알을 수정시킨 다음, 알들을 집어서 입에 넣고 다닌다. 새끼들이 부화할 때, 그

그림 12 | 암컷에게 돌아가는 새끼 열대 담수어(Tilapia-Natalensis)

들은 처음에는 입 속에 남아 있지만, 며칠 후에는 떼를 지어 밖으로 나와서 어미의 주위에 머물러 있다. 위험시에 새끼들은 어미 고기의 입(그림 12)에 다시 들어가고 어미 고기는 위험이 가실 때까지 새끼들을 머금고 있다.

이러한 개체 간의 협동의 간단한 이야기는 물론 더 다양화되기도 한다. 동물계에서 발견되는 현상은 필자가 이 책의 제한된 범위에서 다 기록할 수 없을 만큼 다양하게 변화된다.

전체적으로 알려진 모든 현상은 네 가지의 주요한 점들로 구분할 수 있는데, 이 점들에는 여기에서 취급하는 종의 하나 이상이 포함된다.

첫째, 암컷과 수컷이 짝짓기를 위해 같이 모인다. 그들은 협력하여 수정을 하고 새로운 개체들을 자라게 한다. 어느 한쪽만으로는 끝까지 수행할 수 없다. 비록 수컷이 대개 암컷보다 활동적이지만, 수컷과 암컷 모두 능동적으로 역할을 수행한다.

둘째, 어미들이 혹은 어미들 중 한쪽이 새끼들이 보호에 의지하는 한 계속 보호하고 돌본다. 여기서의 관계는 결과적으로 일방적인 것이다. 어미들은 새끼들을 '도와주지만' 새끼들은 부모를 '도와주지 않는다.' 그러나 처음의 제시된 피상적인 관찰 이후, 분석을 해보면 거기에는 부모들이 새끼들을 자극하여 반응을 하게 하는 만큼 새끼들도 부모를 자극하여 반응을 하게 하는 한 상호 협동이 있음을 확신하게 될 것이다.

셋째, 많은 종에서 개체들 사이의 연합이 확대되어 가족단위생활을 넘어서 집단생활에까지 이르게 된다. 이런 집단생활은 가족생활과 같은 점을 너무나 많이 보여주기 때문에—많은 종에 있어 집단생활은 단지 가족생활의 확대에 지나지 않는다는 것도 가능할 만큼—가족과 집단의 조직은 함께 논의되어야 할 것이다.

마지막으로, 개체들은 대단히 다양한 방법으로 연합할 수 있다: 그들은 싸울 수도 있다. 처음에는 싸움이 협동의 정반대로, 반대 작용으로 보일 수 있다. 그러나 필자는 같은 종 내의 개체끼리의 싸움은 개체에게는 유용하지 않을지 모르지만, 그 종으로 보아서는 대단히 유용한 것이라는, 대단히 역설적으로 들릴 수 있는 말을 하고 싶다. 비록 정도에 있어 다르다고 해도, 개체에게 있어서의 위험은 짝짓기를 하거나 새끼들을 보호할 때 부딪치게 되는 위험들과는 필연적으로 다른 것이다. 짝짓기와 새끼들을 보호하는 것은 명백히 그 종을 통해서 후손들에게 기여하는 것이지만, 싸움은 곧 명백해지는 것은 아니다. 우리는 4장에서 싸움이 어떤 기능을 하는지와 이런 종류의 협동, 즉 싸움도 마찬가지로 분석할 것이다.

그다음 장들에서는 이 네 가지 유형의 사회적 협동을 조직해 나가고 있는 여러 종과 다양한 방법들에 대해 다루고 있다. 각 장들은 기본적 메커니즘에 따라서가 아니라, 그 사회 협동들이 어떤 기능을 하는가에 따라 정리되어 있다.

# 2장

:

## 짝짓기 행동

# 01
## 짝짓기 행동의 기능

많은 동물, 특히 바다에서 사는 종들 중 몇몇은 우리가 거의 짝짓기 행동이라고 부를 수도 없는 그런 단순한 방법으로 난자를 수정시킨다. 예를 들어 굴(Oysters)은 1년 중 어떤 시기에 엄청난 수의 정액 세포를 단지 방출하기만 해서 각 개체들은 정액 세포의 무리에 파묻혀 있게 된다. 난자는 수정되는 것을 피할 수 없는 듯하다. 그러나 여기에도 중요한 유형의 행동이 포함되어 있다. 즉 여러 굴 개체들이 동시에 정액 세포와 난자를 내놓지 않으면 성공하지 못한다는 것이다. 그러므로 어떤 동조성(同調性, Synchronization)이 필요하다. 필자는 이것이 육상동물들에서도 똑같이 적용된다는 것을 보여주고 싶다.

많은 고등동물, 특히 육상동물에 있어 수정은 짝짓기와 교미를 포함한다. 여기에는 단순한 동조성 이상의 것이 요구된다. 즉 신체적 접촉이 필요하다. 이것은 대부분의 동물들이 피한다. 이런 회피는 포식동물들에 대한 방어의 일부로 적응된 것이다. 접촉하고 있다는 것은 대개 묶여 있다는 것이다. 또한 실제로 짝짓기를 하고 있는 동물들에서는 무엇보다도 암컷에게 있어서는 위험스럽고 방어할 수 없는 상태이다. 그런 동물에게 짝 짓기는 도피 행동을 막는 것을 내포하고 있다. 왜냐하면 암컷은 수정 후에도 많은 경우 한동안 알을 가지고 다니고, 또 많은 종의 경우 새끼들을 먹이고 보호하는 데도 수컷보다 더 큰 몫을 담당하기 때문에 암컷은 그 종의 유지에 더 중요한 역할을 한다. 그 외에 수컷이 생물학적으로 암컷보다 덜 중요한 이유는, 대개 한 마리의 수컷이 한 마리 이상의 암컷을 수정하게 하기 때문이다. 그러므로 암컷이 수컷보다 더 설득을 필요로 하는 것은 놀라운 일이 아니다. 이것은 또한 왜 구애가 수컷과 관련해서 이루어지는가 하는 주된 이유가 될 것이다. 종종 수컷도 마찬가지로 설득을 필요로 하지만, 그것은 다른 이유 때문이다. 대부분의 종에 있어서 수컷들은 번식기에는 대단히 호전적이기 때문에 암컷들이 수컷들을 달랠 수 없으면 구애받는 대신 공격받게 될 수도 있다.

나아가서 짝짓기에서 시간 패턴을 같이 하는 동조성의 문제와는 별도로 공간적 동조성과 밀접하게 관계되는 문제가 있다: 암컷과 수컷은 서로를 발견해야만 한다. 실제 교미하는 동안에 그들은 자기들의 생식기를 서로에게 접촉해야만 한다; 그러고 나서 정자가 난세포를 찾아야 한다. 이러한 준비가 짝짓기 행동의 일부이다.

마지막으로, 다른 종의 구성원과 짝짓기를 피하는 것에 따르는 일종의 보상이 있다. 유전자에 의해서 고도로 복잡한 성장 과정이 시작되고, 이 유전자는 각각의 종에 따라 다르므로, 서로 다른 종의 동물들을 짝짓게 하면 완전히 다른 유전자들을 합치게 되는 것이다. 이것은 정교하게 균형이 잡힌 성장 패턴을 혼란시키기 쉽다. 그러므로 종간의 짝짓기에 의한 수정란은 생존할 수 없기 때문에 성장의 초기에 죽거나, 혹은 드물게 잡종(Hybrids)이 살아날 수는 있지만 생명력이 약하거나 생식 능력이 없다. 종 내의 짝짓기에 대한 이런 보상은 종과 종 사이의 짝짓기 패턴의 차이점을 발전시키게 되고, 그래서 각 개체들은 쉽게 자신의 종을 알아볼 수 있는 것이다.

그러므로 실제 수정과는 별도로 동조성, 설득(Persuasion), 정위(Orientation), 생식 격리(Reproductive Isolation)는 짝짓기 행동의 기능들이다.

이 장에서의 문제는 다음과 같다: 어떻게 이 기능들이 수행되는가? 사회 행동은 어떤 역할을 하며, 그 행동이 어떻게 이런 결과들을 야기하는가? 우리의 지식이 바로 이것저것 주워 모은 것에 불과하다는 것에서부터 시작해 보자. 우리는 이 문제들 각각에 대해 부분적인 정보를 얻었는데 우리 지식의 한 부분은 한 종에, 또 다른 부분은 다른 종에 적용한다. 한 종만으로는 전체적인 구도를 알 수 없다. 그러므로 필자가 할 수 있는 유일한 일은 짝짓기 행동의 여러 방법에 대한 몇몇 예를 제시하는 것이다. 우리의 발견을 일반화시키는 것은 앞으로의 연구에 남겨두는 일이다.

한 가지는 이미 분명해진 것 같다. 포괄된 모든 행동은 상대적으로 낮은 '심리적(Psychological)' 수준에 있으며, 목적을 위해 미리 통찰해 본다거나, 목적을 달성하기 위한 신중한 행동은 함축되어 있지 않다. 우리는 아마 인간과 몇몇의 유인원을 제외한 모든 동물에게 짝짓기 행동은 내적, 외적 자극에 대한 즉각적인 반응으로 이루어진다는 점을 알게 될 것이다.

거기에는 인간에게서 생기는 전적으로 신비스러운 방법, 즉 '예견된' 행동의 결과들을 행동의 원인으로 작용하게 할 수 있는 방법은 없다.

# 02
## 타이밍의 일부 예

굴(Ostrea Edulis)의 번식 행동에서 시간 조절은 최근 다소 뜻밖의 외부 요인에 의한 일, 그러므로 엄격히 말해 사회적 문제가 아닌 것으로 나타나게 되었다.[41] 그러나 여기서는 외적 요소들의 작용이, 말하자면 '가짜의 (Fake)' 사회적 협력 관계에 대한 하나의 예로 논의할 필요가 있다.

굴이 산란한지 8일쯤 지나면 유생들이 '무리를 짓는다'. 그들은 대단히 짧은 기간을 부유생활을 하면서 지내다가 곧 단단한 하층에 정착한다. 네덜란드 스칼데(Scheldt)강의 진흙 어귀에서, 굴 양식업자들은 바다 밑바닥에 인공 저토(底土)로 지붕 기와들을 덮어줌으로써 굴 생산량을 늘렸다. 이것은 떼를 짓기 전에 너무 많이 덮어주어서는 안 되는데, 왜냐하면 굴의 유생들이 정착하기 전에 다른 생물체들이 그 기와 위에서 더 크게 자라 버리기 때문이다. 그래서 한 동물학자는, 떼짓기가 언제 일어나는지를 예측할 수 있는지, 없는지를 발견해야만 했다. 그의 예측은 많은 해 동안에 이루어진 연구를 바탕으로 한 것으로 놀라운 것이었다. '떼를 짓는 최대한의 가능성을 가진 날은 매년 6월 26일과 7월 10일 사이, 즉 만월이나 초승달이 뜬 후의 약 10일 동안으로 예상된다(그림 13).' 이것은 거짓말처럼 들릴지 모르지만, 사실이다. 떼를 짓는 것은 산란 후 8일 동안에 이루어지기 때문에, 이것은 산란이 만월이나 초승달이 뜬 후의 이틀 사이에 이루어진다고 예측하고 있다. 이것은 타이밍과 관계되는 요인에 대한 열쇠, 즉 조수(Tides)를 말하고 있다. 산란은 봄의 조수 때 일어난다. 어떻게 봄 조수가 굴에게 영향을 미치는지는 아직 알려지지 않고 있다. 봄 조수에 가장 큰 동요를 일으키게 하는 수압이 문제라고 보는 것도 불가능한 견해는 아니다. 또한 바닥으로 침투하는 빛의 강도에서도 그때 가장 큰 변화를 보이고 있으므로 이것도 또한 한 요인이 될 수 있다.

굴이 각각의 봄 조수에만 산란하는 것은 아니기 때문에, 굴들을 6월에 준비시켜서 봄 조수에 반응하도록 하는 또 다른 요인이 있을 것임에 틀림없다. 그러나 이 요인의 성질에 대해서는 아직 알려지지 않았다. 그것은 조수보다는 훨씬 덜 정확하게 작용하는데, 왜냐하면 산란이 최대한 많이 일어나는 것은 6월 18일에서 7월 2일 사이지만, 봄 조수를 전후해서도 보다 낮은 절정들이 있기 때문이다. 이 요인은 굴에 대해서는 알려지지 않았지만 다른 동물들을 통해 무엇인가 알게 될 것이다.

굴뿐만 아니라 몇몇 다른 바다동물들도 조수에 의해 시간이 정해진다고 알려졌으며 그중에는 유명한 태평양의 팔로로˚와 여러 종류의 환형동물과 연체동물들이 있다.

---

* 팔로로(Palolo): 남태평양의 산호초에 서식하는 털갯지네과의 다모충(多毛蟲).

고등한 동물에 있어 타이밍은 더 복잡하다. 북쪽의 온대 지역에 살고 있는 어류, 조류, 포유류에 대해서는 약간 알려져 있다. 이들 대부분에 있어 번식은 봄에 일어난다. 첫 번째 단계가 번식지로 이주해가는 일이다. 처음 도착하는 개체와 마지막에 도착하는 개체 사이에는 몇 주가 걸리지만, 모든 개체에 의해 대체로 같은 시기에 이루어진다. 이것은 대략의 타이밍 또한 사회 행동에 의해서가 아니라 외부적 요인에 반응해서 생긴다. 여기서 주요인은 늦겨울에 낮이 점차 길어지는 일이다.9,76 여러 포유류, 조류, 어류들은 인위적으로 낮이 길어지는 것에 지배된다. 결과적으로 뇌에 있는 뇌하수체선(Pituitary Gland)에서 생식선(Sex Gland)의 성장에 작용하는 호르몬을 분비하기 시작한다. 이들은 성호르몬을 분비하기 시작하고, 중추 신경계에 작용하는 성호르몬의 작용에 의해서 첫 번째 번식 행동 유형, 즉 이동이 이루어진다. 흔히 주위

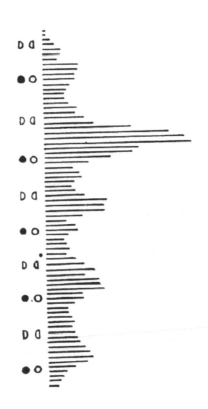

그림 13 | 달 주기와의 상관관계를 나타낸 6월, 7월, 8월의 74일 동안 굴 유생들의 떼짓기 (Korringa, 1947)

52

환경의 온도 상승이 부수적인 효과가 있다.

이미 말했듯이, 이런 타이밍의 과정이 대단히 정확한 것은 아니다. 다양한 개체들이 꼭 같은 신속성으로 낮이 길어지는 것에 모두 반응하는 것은 아니다. 한 쌍의 수컷과 암컷 사이에도 상당한 차이가 있을 수 있다. 비둘기와 그 밖의 다른 동물들 사이에서 발견된 사실로, 만약 수컷이 암컷보다 훨씬 앞서게 되면, 수컷의 계속적인 구애는 암컷의 발달 속도를 빠르게 할 수도 있다. 이것은 다음과 같은 방법으로 나타나게 되었다. 수컷과 암컷이 분리된 새장에 있지만 서로 볼 수 있고, 접촉까지 할 수 있을 때, 교미하는 것만 이루어지지 않도록 제한된 상황에서, 수컷의 계속적인 구애는 마침내 암컷이 알을 낳도록 만들 수 있다.[14,15] 물론 이것은 생식력이 없는 무정란이다. 사육 상태에서 수컷을 사용하지 않고 두 암컷 비둘기만으로 한 쌍을 형성할 수 있다. 둘 중 하나는 보통 수컷이 하는 모든 행동을 한다. 비록 그들의 번식 리듬은 처음부터 빗나갔지만, 결과적으로 둘 다 동시에 알을 낳게 된다. 어쨌든 그들의 상호작용의 결과로 행동에 있어서 뿐만 아니라, 난소의 난자의 발달에까지 동조성을 이룬다.

이런 결과는 다른 종에 있어서도 마찬가지로 발견될 수 있다. 달링(Darling)[18]은 무리를 지어 번식하는 조류의 집단 구애는 같은 결과를 가져올 수 있다고 말한다.

그러나 동조성에는 좀 더 정련된 과정이 필요하다. 교미를 하는 모든 종에 있어서, 그리고 많은 다른 종에 있어서 암수 간의 협동은 정확한 시간의 계획(Time Schedule)에 의해 이루어지는데, 정확한 협동 없이는 어떤 수정도 불가능하다. 단지 대단히 적은 수의 종에 있어서만, 수컷이 교미하지 않으려는 암컷에게 억지로 하게 할 수 있다. 이것은 많은 종에 있어 대단히 정확한 동조성의 몇몇 형태가 이루어져야 하며, 이것은 몇 분의 1초를 다투는 문제인 것이다. 이는 일종의 신호 체계에 의해 이루어진다. 예를 들어 큰가시고기의 짝짓기를 이야기해 보자101. 화살표들이 가리키는 짝짓기 행동의 계획은 단지 시간적 과정일 뿐만 아니라, 인과 관계의 과정이기도 하다. 즉 실제로 각 반응은 상대편의 다음 반응을 유발하는 신호 역할을 한다. 그래서 수컷의 지그재그 춤은 암컷의 접근을 유발한다. 암컷의 접근은 수컷이 둥지로 이끌고 가는 동작을 유발하고, 그의 이끌어가는 동작은 암컷을 따라가도록 유발하는 등의 행동을 한다. 이것은 모형이나 모조품을 사용함으로써 쉽게 보여줄 수 있다. 알을 밴 암컷의 조잡한 모형이 수컷의 영토에서 제시되었을 때(그림 14), 수컷은 다가가서 지그재그 춤을 춘다. 모형이 그의 방향으로 돌아서서 그쪽으로 '헤엄쳐 가면' 그는 회전하여 그 암컷을 둥지 쪽으로 이끌어간다.

비슷한 방법으로 알을 밴 암컷이 수컷의 모형에 반응하도록 유도될 수도 있다. 이번에도 조잡한 물고기의 모형이면 충분한데, 다만 아랫부분을 붉게 칠해 두어야 한다. 밝은 푸른색 눈도 도움을 줄 것이며, 그 외에 다른 세세한 점은 필요하지 않다. 만약 그 조잡한 모형이 알을 밴 암컷의 둘레에서 지그재그 춤을 모방해서 춘다면, 암컷은 모형 쪽으로 돌아서서, 그쪽으로 접근할 것이다. 만약 모형을 헤엄쳐 가게 하면, 암컷이 이를 따를 것이다. 수컷의 모형이 '둥지 입구를 보여주면' 암컷이 수족관의 바닥에라

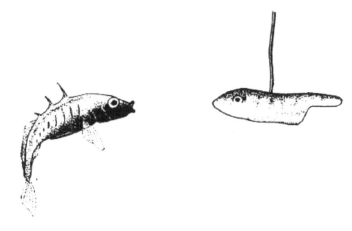

**그림 14 | 조잡한 암컷의 모형을 향해 구애하는 큰가시고기의 수컷**

도 들어가려고 시도하도록 하는 것도 가능하다(그림 15). 둥지는 필요치 않으며, 모형의 움직임만으로 암컷에게 충분한 자극이 된다.

이 경우, 물고기는 전적으로 상대방의 동작에만 반응하는 것이 아니라, 형태와 색채의 어떤 면에도 반응한다. 만약 모형 암컷이 진짜 암컷과 같이 부풀어 오른 배를 갖고 있지 않다면, 거의 수컷을 춤추도록 자극할 수 없다. 만약 수컷 모형의 아랫부분이 붉지 않다면 암컷은 수컷에 관심을 보이지 않을 것이다. 반면에, 다른 세세한 점은 거의, 혹은 전혀 영향을 미치지 못한다. 그래서 살아 있지만 알을 배지 않은 암컷보다 대단히 조잡하지만, 알을 배고 있는 모형이 수컷의 짝짓기 행동을 유발하기가 더 쉬운 것이다. 그러나 부푼 복부, 붉은빛이 계속 보인다 해도 수컷의 반응에 대한 타이밍 역시 필요하다. 갑자기, 즉시 나타나서 반응을 이끌어 내

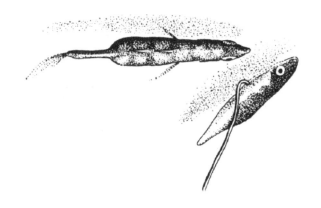

**그림 15 | '둥지 입구를 가리키는' 수컷 모형을 따라가는 큰 가시고기 암컷을 위에서 본 모습**

는 동작들에 정확한 타이밍이 필요하다.

큰가시고기의 짝짓기 행위는 그러한 신호와 응답의 복잡한 일련의 과정으로 마지막에는 암컷이 알을 산란하자마자 수컷이 즉시 수정을 한다. 이런 행동들을 관찰하거나, 기술된 모든 모형실험을 실현해 보는 것은 어려운 일이 아니다. 큰가시고기는 수족관의 직사각형 바닥이나 좀 더 넓은 곳 어디서나 쉽게 번식할 것이다. 다만 바닥에 모래를 깔아주고 약간의 푸른 실 모양의 조류(藻類)를 포함해 푸른 식물류를 풍부하게 넣어야 한다.

많은 종에 있어 짝짓기 행동은 동조성을 구체적으로 정련시켜 주는 그러한 신호 동작을 포함하는 것이다.

# 03
## 설득과 달램
........................

어떤 동물이 성적으로 활성화 상태에 있다 해도, 항상 상대방의 구애에 즉각 반응하는 것은 아니다. 암컷이 꺼려하는 것을 극복하려면 상당한 시간이 걸릴 수도 있다. 예를 들어 큰가시고기의 수컷이 추는 지그재그 춤이 늘 암컷의 반응을 즉각 이끌어낼 수 있는 것은 아니다. 암컷은 반쯤 기꺼워하는 마음으로 접근했다가도 수컷이 암컷을 둥지로 이끌어가려 할 때 멈춰버릴 수가 있다. 이런 경우 수컷은 돌아와서 다시 지그재그 춤을 출 것이다. 이런 식으로 계속 반복한 후에야 암컷이 겨우 굴복하여 그를 따라가서 둥지에 들어간다.

암컷이 둥지에 들어갈 때도 신호의 유사한 반복이 필요하다. 수컷은 암컷이 산란할 때까지 '떠는 동작(Quivering)'을 계속해야 한다. 만약 누가 암컷이 막 둥지에 들어간 후 수컷을 끌어내 버리면 암컷은 산란하지 못한다. 만약 여러분이 수컷이 떠는 동작을 모방하여 가벼운 유리 막대로 가만히 암컷을 건드리면, 암컷은 수컷이 자극을 줄 때와 마찬가지로 쉽게 산란할 것이다. 어쨌든 수컷이나 막대기로도 수없이 많이 암컷을 건드려야 한다.

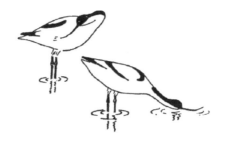

그림 16 | 뒷부리장다리물떼새의 교미 전 과시 행동(Mak-kink, 1936)

　많은 종에 있어서 신호의 이런 반복은 하나의 규칙이다. 뒷부리장다리물떼새(Avocets)60를 예로 들면 교미는 괴상한 행동으로 시작된다. 암컷과 수컷이 모두 서서는 서둘러서 초조한 동작으로 그들의 깃털을 부리로 가다듬는다. 잠시 후 암컷이 깃털 다듬기를 멈추고, 몸을 평평하게 굽힌다(그림 16). 이것은 암컷이 짝짓기를 할 의사가 있다는 것을 가리키는 표시인데, 이 이후에 수컷이 올라가서 교미를 한다. 때때로 수컷이 즉시 반응하지 않고 시간이 지난 후에 반응하기도 한다. 재갈매기도 교미할 때 유사한 도입 과정을 가진다. 암수 모두 위로 고개를 까닥까닥 움직이면서, 한 번 움직일 때마다 부드럽고 아름다운 선율의 외침을 부르짖는다(그림 17). 여기서 수컷은 교미의 주도권을 잡는다: 그러한 상호의 고개 끄덕임(Head-Tossing)이 계속된 후에 갑자기 수컷이 올라가서 짝짓기를 한다.

　때때로 설득은 다른 기능을 가지기도 한다. 많은 다른 종들과 마찬가지로 많은 새들에 있어서 수컷들은 번식기에 대단히 공격적이다. 실제로,

그림 17 | 재갈매기의 교미 전 과시 행동(Tibergen et al., 1940)

동물들에서 볼 수 있는 대부분의 싸움은 번식기인 봄에 라이벌인 수컷들 사이에서 일어나는 싸움이다. 이런 싸움은 필수적인 것이다. 항상 상대편 수컷에게 목표 대상이 되기 때문에, 암컷은 마찬가지로 공격받지 않기 위해서 수컷과 구별되어야만 한다. 푸른머리되새(Chaffinch), 유럽딱새(Redstart, Phoenicurus Phoenicurus), 또 여러 종류의 꿩(Pheasants)과 같은 종에서는 깃털이 다른 것으로 해서 구별된다. 그러나 굴뚝새(Wren)와 같은 많은 다른 종에서는 암수의 깃털이 그렇게 다르지 않고, 거의 같다. 그러므로 암컷은 수컷의 공격성을 가라앉히기 위해 특별한 행동을 하는 것이다. 이러한 '암컷 구애(Female Courtship)'의 본질은 공격을 일으키는 것을 피하는 일이다. 낯선 수컷은 구애 행동을 과시하고 있는 수컷으로부터 달아나거나—이런 경우 곧 추격이 뒤따르게 된다—거드름을 부리며 걷거나, 위협 행동을 하는 것으로 반응하지만(이것은 과시하고 있던 수컷의 공격성을 불러일으키는 것인데) 암컷은 아무것도 하지 않는다. 유럽납줄갱이(Bitterling, Rhodeus Amarus)는 암컷이 먼저 공격받게 된다.[8] 그러면 암컷

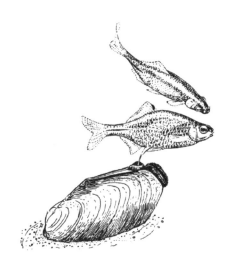

그림 18 | 알을 낳고 있는 암컷에 구애하는 유럽납줄갱이 수컷(Boeseman et al., 1938)

은 조용히 물러가거나 수컷 아래로 헤엄쳐감으로써 공격을 피하기만 할 뿐이다. 그러면 수컷은 암컷을 공격할 수가 없다는 듯 잠시 후엔 공격을 멈추고 구애하기 시작한다(그림 18).

암컷의 그런 유화 정책의 비슷한 예는 많은 열대 담수어 키클리드5에서 관찰할 수 있다. 다른 종에서 암컷은 유아의 행동을 나타낸다. 즉 새끼들이 하는 행동을 해 수컷의 양친성 충동(Parental Drive)을 자극하여 진정시키는 방법이다. 이를 통해 그렇게 많은 수컷들이 구애를 하는 도중에서 암컷에게 먹이를 먹이는지 이유를 알 수 있다. 이것은, 우리가 이미 살펴본 것처럼 재갈매기에서도 일어난다. 그러나 구애 중에 나타나는 달래는 자세가 새끼들의 자세와 다른 종들도 있다. 암컷이나 다른 종에서

사진 2 | 왼쪽_검은머리갈매기의 앞으로 향한 위협 자세, 오른쪽_검은머리갈매기의 머리 신호

는 많은 점에서 위협 행동과 꼭 반대가 되는 행동을 한다. 예를 들어 검은머리갈매기들(Larus Ridibundus)은 번식기에 만나서, 머리를 숙이고 부리를 서로를 향해 가리키게 하는 '전방 과시(Forward Display)'를 보여준다(〈사진 2〉 상단). 이런 위협 자세는 실제 무기가 되는 부리를 둘러싸고 있는 갈색 얼굴에 의해 더 두드러져 보인다. 그러나 짝짓기는 '머리 신호(Head Flagging)'에 의해 그들의 친근한 뜻을 알리는 것이다: 즉 목을 쭉 뻗고 갑작스러운 동작으로 서로 얼굴을 돌려 버린다.[109] 여기서는, 암수가 다 다소 공격적이기 때문에, 반대로 수컷이 암컷을 달랜다.

거미줄 치는 거미들 중 몇몇은 수컷은 암컷의 거미집으로 찾아간다. 여기서 수컷은 먹이로 오인되지 않도록 암컷을 달래야만 한다.

# 04
## 정위
........

　짝짓기 동작에 있어 공간지향(空間指向, Spatial Directing) 역시 구애의 중요한 기능 중 하나이다. 수행되어야 할 가장 명백한 기능은 유인(Attraction)이다. 나이팅게일새 같은 많은 명금류들은 그들의 번식지로부터 멀리 떨어진 곳에서 겨울을 보낸다. 수컷들은 이미 앞에서 언급한 대로, 남쪽으로부터 암컷들보다 훨씬 앞서서 돌아온다. 어떻게 암컷들이 수컷을 찾을까? 이것은 노래에 의해 가능할 수도 있다. 많은 새들은 시끄러운 소리로 상대되는 성을 유인할 수 있다. 나이팅게일새에게는 이 소리가 아름답고, 노래처럼 들리는 것이다. 그러나 회색왜가리(Grey Heron, Ardea Cinerea) 수컷의 봄 울음은 거친 울음소리로 인간의 귀를 매혹시키지는 않는다. 그러나 암왜가리[113]는 거기에 이끌린다. 그 소리는 나이팅게일새의 노래와 똑같은 기능을 하는 것이다. 쏙독새의 쏙독 쏙독 하는 소리(Rattling), 딱따구리의 딱딱딱하고 쪼는 소리(Drumming), 두꺼비의 울음소리(Croaking)(〈사진 3〉)는 모두 같은 범주에 속한다. 그래서 많은 새들의 노래는 수컷들이 아직 짝을 맺지 못하는 한 가장 강렬해지며 암컷이 도착

사진 3 | 왼쪽_뱀눈나비 수컷(왼쪽)이 근연종인 Hipparchia Statylinns에게 구애하는 장면, 오른쪽_노래하는 유럽산 수컷 두꺼비

했을 때는 그치게 된다. 이것은 또한 여러 이해관계 사이에서 갈등을 일으키기도 한다. 노래는 암컷을 끌어들이는 점에서(그리고 우리가 살펴보겠지만 경쟁자인 수컷들을 쫓아낸다는 점에서) 그 종에 기여하지만, 그것은 또한 포식동물들도 끌어들이는 위험에 처하게 한다. 그러나 항상 자연은 타협적인 쪽으로 전개해 나가기 마련이다: 노래는 필요할 때, 적어도 이익이 불이익보다 클 때만 불리는 것이다.

그러나 대부분의 동물들이 귀가 멀어 있기 때문에(단지 척추동물과 약간의 다른 동물들만 예외가 된다) 우리는 청각에 의한 선전은 비교적 적은 동물군에서만 발견할 수 있다. 이것은 새, 개구리, 두꺼비, 귀뚜라미, 여치 등과 같은 여러 곤충에서 잘 발달된 것이다. 소리를 내는 특별한 기관들이 이런 동물군에서는 전적으로 발달되어 있는 것이다.

다른 동물군에서는 이성을 끌어들이기 위한 수단으로 냄새를 사용한다. 나방들 사이에서 절대적인 예를 찾아볼 수 있다. 도롱이나방(Psychid

그림 19 | 산누에나방(Satunia Pyri). 더듬이에 있는 후각 기관이 수컷에게 특히 발달해 있다.

Moths)[62]은 어느 정도까지 연구되어 있어서 한 예로 택할 수 있다. 암컷들은 날 수 있는 능력을 잃어버렸다: 사실 실제로 날개가 없다. 부화하자마자 관 모양의 은신처로 가서, 애벌레와 번데기로 살아간다. 그러나 문밖으로 나가지 않고, 은신처 바로 아래에 매달린 채 지낸다. 수컷들은 날 수 있다. 부화하자마자 곧 그들의 집을 떠나서 암컷을 찾기 위해 날개를 사용한다. 이런 탐색은 동정(童貞)인 암컷에게서 방출되는 냄새에 의해 유인된다. 암컷의 냄새에 의한 이런 이끌림은 산누에나방(Saturnia)(그림 19), 솔나방(Lasiocampa)과 같은 많은 다른 나방에서 고도로 발달되어 있다. 이런 종에 있어 수컷은 흔히 상당히 먼 거리에서도 암컷을 찾아낼 수 있는데, 깃털 모양의 촉각에 위치한 그의 후각 기관은 대단히 민감하다. 그런 종의 애벌레들을 모아서 번데기가 되게 한 후 부화시킨 뒤 수컷들을 유인해 동정의 암컷의 집에 들어가는 것을 관찰하는 것은 전혀 어려운 일이 아니다.

시각적 유인도 많은 종에서 찾아볼 수 있다. 큰가시고기에서는 이 부분이 멋지게 발달했다. 큰가시고기의 수컷은 둥지를 만든 후 가장 빛나는 혼인색을 나타낸다. 아랫부분의 붉은빛은 더욱 빛을 발하고 둥지를 짓는 동안 그의 등을 덮고 있던 어두운 빛깔은 푸른 형광색으로 빛나는 흰색을 띠게 된다. 동시에 행동도 변한다. 둥지를 짓는 동안에 급격한 움직임을 피해

유연하게 움직였지만, 이후에는 갑작스러운 동작으로 그의 영토 주위를 헤엄치기 시작해 눈에 띄는 빛깔과 함께 자신을 멀리에서도 볼 수 있게 한다.

많은 새들에게서도 이러한 현상을 볼 수 있다. 그들의 청각 유인 장치에다 시각적인 과시도 덧붙이는 것이다. 이것은 넓게 펼쳐진 초원에 사는 새들에게 가장 인상적으로 발달해 있다. 북극 툰드라 지방의 섭금류와 이 지방의 늪새(Marsh Birds)에 이런 점들이 특히 발달해 있다(그림 20). 그 밖에도 우리는 흔히 눈에 띄는 색깔과 동작 결합을 발견할 수 있다.

댕기물떼새(Lap Wing, Vanellus Vanellus), 흑꼬리도요(Black-Tailed Godwit), 민물도요(Dunlin) 등 섭금류들이 좋은 예가 된다. 그 외 다른 종들은 전적으로 동작면이 발전하고 색깔에서는 발전하지 않은 경우도 있다. 이런 것은 더 공격받기 쉬운 명금류, 즉 밭종다리(Pipits), 종다리(Larks)에서 볼 수 있다. 색깔에서 특별히 발전된 모습도 찾아볼 수 있다. 목도리도요(Ruff Philomachus Pugnax)는 특별한 노래 없이 화려한 색조에 의존하는 편이다. 그러나 다른 신호 동작이 발전하기도 한다. 때때로 수컷들은 '새들의 구애장(Lek)'에서 날개를 들어올려, 날개 아랫부분의 밝은 빛깔로 그들을 눈에 띄게 할 수도 있다(〈사진 4〉). 이 날개 들어 올리기는 특히 멀리 날고 있는 암컷에 대한 반응으로 인해 생기며, 이 동작은 암컷을 유인하는 것처럼 보인다. 이런 식으로 구애장의 새들은 '꽃밭 원칙(Flower-Bed

그림 20 | 날고 있는 댕기물떼새

사진 4 | 왼쪽_구애장에서의 목도리도요. 왼쪽에 있는 수컷이 떨어져 있는 암컷에 대한 반응으로 날개의 하얀 아랫부분을 과시하고 있다. 오른쪽_서방검은등갈매기에 의한 보기 드문 둥지 교체. 방금 도착한 새(오른쪽)가 짝을 둥지에서 밀어내려고 한다.

Principle)'이라 불리는 다른 원칙들을 적용하기도 한다: 이것은 개체들이 모여서 함께 색깔 효과(Colour-Effects)를 덧붙이는 것으로 그들은 꽃밭 같은 화려한 조각천 모양을 이룬다.

　다만 이 중 단지 몇몇 경우에만 유인 영향을 미친다는 것은 실험으로 증명되었다. 큰가시고기의 수컷이 가진 붉은 색깔이 암컷들의 관심을 끈다고 증명되었다. 붉은색이 칠해지지 않은 모형은 암컷의 관심을 끌지 못했다. 노래의 영향력은 여러 메뚜기들(Locusts)에서 훌륭하게 설명되었다. (그림 21)은 그와 관련한 실험을 보여 주고 있다. 헤더(Heather)* 속에 숨겨진 한 사육 상자에서 메뚜기과의 Ephippiger의 수컷들이 노래하고 있다. 그리고 다른 쪽에는 같은 수의 수컷들이 마찰 기관(Stridulation Organs)

────────────

\* 　헤더(Heather): 진달래과 에리카(Erica)[칼루나 속, Calluna] 속에 딸린 식물의 총칭. 습지나 황야에 자생하고 가을에 자줏빛 방울 모양의 꽃이 핌.

이 아교로 붙어 있어 소리를 내지 못하고 있다. 이런 작은 조작을 한 후 날개 없는 형태로 다른 모든 활동을 할 수 있도록 풀어준다. 9m 거리 밖에서, 짝짓기의 조건이 갖추어진 암컷들을 풀어준다. 그들은 변함없이 단시간에 노래를 하고 있는 사육 상자 쪽으로 찾아오는 것이다.[20] 이런 종류의 실험들은 여러 유형의 과시 유인 효과에 대해 이들 문단이 이끌어 낸 결론을 뒷받침해 주고 있다. 그러나 아직 더 실험적인 작업이 필요하다.

결과적으로 유인(Attraction)이 이루어졌다 해도, 구애의 정위 작업이 끝난 것은 아니다. 실제로 교미할 때 수컷은 암컷의 교미 기관에 자신의 것을 접촉해야만 하는데, 이때도 정위의 힘이 필요하다. 이것은 많은 곤

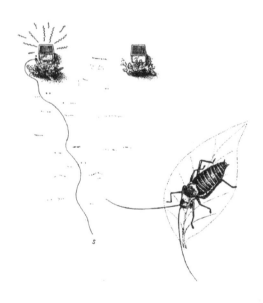

그림 21 | 메뚜기의 일종인 Ephippigger의 노래 기능에 관한 실험(Duym and Van Oyen, 1948)

충들에서 가장 명백히 발견되는 일인데, 수컷들은 상대방 암컷들이 '부정적(Negative)'인 경우에 가깝게 대응하도록 맞추어질 수 있는 복잡한 포악기(捕握器, Clasper)의 구조를 가지고 있다. 그러나 새와 같이 좀 덜 '기계화(Mechanized)'된 동물들에게 이 문제는 계속 남아 있다: 수컷은 정위 자극(Orienting Stimuli)에 대한 암컷의 첫 번째 반응이 없으면, 총배설강을 암컷의 것에 접촉시킬 수 없다. 그렇지만 이런 행동의 기작에 대해서는 거의 알려지지 않았다.

# 05
## 생식 격리
············

　종간의 잡종은 자연 상태에서 극히 드문 일이다. 이것은 부분적으로는 다양한 종들 간에 선호하는 서식지의 차이에서 기인한다. 근연종이라 해도 전적으로 지리적으로 분리되어 번식하고, 같은 지역에 산다고 해도 번식하기 위해 다른 지역으로 이동하기 때문에 공간적 격리에 의해서 이종 교배(Cross-Breeding)가 방지된다. 그러나 이런 식의 격리가 없을 때도, 종들은 보통 이종 교배를 하지 않는다. 이것은 유인을 하게 하는 여러 신호, 설득, 달램, 동조성에 의해 한 종은 다른 종과 명백히 구별되기 때문이다. 또한 그러한 신호들에 반응하는 경향이 종 특이적이다. 모든 동물에게는 그 종의 신호를 내게 하고, 단지 그 종의 신호에만 반응하도록 하는 경향이 내재되어 있다. 그러나 우리는 다른 종과의 성적 반응을 흔히 볼 수 있다. 필자가 여러 계절 동안 연구했던 뱀눈나비의 수컷은 날고 있는 암컷을 따라가 구애를 시작한다. 이런 성적 추격은 암컷들에 의해서만 유발되는 것은 아니다. 다른 종의 나비들, 딱정벌레(Beetles), 파리, 작은 새, 떨어지는 나뭇잎, 심지어 땅에 비친 그들 자신의 그림자조차 그들을 끌리게 한다. 그러면 어떻게 해서 그들은 다른 종들과는 결코 짝짓기를 하지 않는 걸까? 같은 질문을 유발하는 유사한 관찰을 새, 물고기 등 많은 다른 동물들을 통해서도 이루어질 수 있다.

짝짓기와 짝을 형성하는 행동의 연속적 형태에서 해답을 찾을 수 있을 것 같다. 뱀눈나비 암컷이 짝지을 의사가 있을 때는 수컷의 성적 추격에 특정한 방법으로 반응한다: 그것은 내려앉는 것이다. 그러나 다른 종들은 대개 정반대의 행동을 하기 마련이다. 만일 쫓아오는 수컷이 성가실 때는, 될 수 있는 한 빨리 날아가 버리고, 수컷은 추격을 포기한다. 때때로 근연종인 종들이 반응해 오는 경우도 있는데(〈사진 3〉 상단) 이때도 짝짓기까지 가는 경우는 한 번도 관찰하지 못했다. 큰가시고기도 본질적으로 유사한 행동을 보여 준다. 수컷은 그의 영토에 들어온 작은 텐치(Tench, 유럽산 잉어과 민물고기)에게 지그재그 춤을 추어 반응할 수도 있다. 그의 구애 행동이 계속되기 위해서는 상대편이 필연적으로 그쪽으로 헤엄쳐 가야 한다. 만약 한 텐치가 무심코 그렇게 했다 해도 그는 둥지를 향해 수컷을 따라가야 하고, 둥지 안으로 들어가야 하고, 정액을 사정할 수 있도록 그전에 산란을 해야 한다. 다른 말로 하면, 마지막 떠는 행위까지 포함해 수컷의 모든 연속되는 구애 행동에 계속 정확한 반응을 보여야 한다는 것이다. 이것은 결코 관찰된 적이 없을 정도로 그렇게 전적으로 있을 수 없는 일은 아니다. 연결되어 일어나는 각 분리된 반응의 신호 자극은 다른 종의 반응을 막는 데 불충분할 수도 있지만, 그 각 반응들이 또 다른 자극에 의해 유발되어 이것들이 함께 모이면, 종간의 교잡종을 막는 데 충분하다. 이것은 '상호' 구애를 하는 종에서 더 명백해지는데, 왜냐하면 암수가 일련의 구애 행동을 서로 보여 주기 때문이다. 뱀눈나비와 같이 수컷이 구애를 하는 동안, 암컷이 단지 앉아 있기만 하는 종에서도, 그 암컷은 수컷에게 일련의 자극을 준다. 1장에서 설명한 대로 수컷의 다양한 행동은 한 반응에서 다음 반응으로 다르게 나타나는 자극에 의해 유발된다는 것을 실험적 분석을 통해 보여 주고 있다.

이러한 특이성(Specificity)은 특히 근연종에서 필요하다. 나중에 살펴보겠지만, 근연종들은 형태적 특징과 마찬가지로, 행동 방식도 대단히 비슷하다. 그들은 단순히 광범위한 진화적 발산을 위한 시간을 가지지 못했던 것이다. 그러나 이러한 종에 있어서도 최소한 공간적(지리적 또는 생태학적) 격리, 또 시간적 격리(번식기의 차이)가 필요하다고 한다면, 짝짓기 유형 사이에는 늘 몇 가지 놀라운 차이점이 있기 마련이다. 예를 들어, 잔가시고기(Ten-Spined Stickleback, Pungitius Pungitius)의 짝짓기 행동은 큰가시고기와 비슷하다.[83] 그러나 수컷의 혼인색은 대단히 다르다. 잔가시고기의 수컷은 봄에 타르색 같은 진한 검정색을 띤다. 큰가시고기의 붉은빛과 마찬가지로, 잔가시고기에서는 검정색이 암컷을 끌어들인다(그림 22). 이것이 다른 작은 행동상의 차

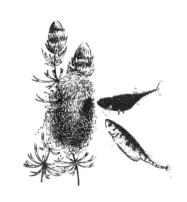

그림 22 | 암컷에게 둥지 입구를 가리키는 잔가시고기 수컷(Sevenster et al., 1949)

이와 합쳐져 교잡을 어렵게 한다.

　생식 격리와 이런 문제에 대한 체계적 연구는 오직 한 집단, 즉 초파리 (Fruit Flies, Drosophila)[84]에서만 이루어졌다. 첫 번째 결과는 종간의 짝짓기 시도는 어떤 종이냐에 따라서 구애의 여러 단계에서 갑자기 끝난다는 것이다. 그러한 구애의 중지가 관찰 과정에서 계속되면, 상대방에 의해 유발될 수 없는 종 특이적 반응을 취하고 있다는 표시가 된다. 이를 통해 얻은 결과는, 어떤 경우에는 수컷이 정확한 자극을 주는 데 실패하고, 또 어떤 경우에는 암컷에 의한 '잘못'도 이루어진다는 것을 보여 주고 있다.

# 06
## 결론
........

　한 쌍의 구성원 사이의 협동을 하게 하는 행동 유형의 복잡한 성격을 보여 주기에는 이런 식의 대단히 간결한 대강의 설명으로도 충분하리라 생각한다. 이것은 구애에 의해 수행되는 네 가지 다른 기능의 유형을 구별해야만 한다고 보여 주었다. 이는 각 특정한 구애 행동이 오직 이들 목적 중 하나에만 기여하는 것이라는 것을 의미하지는 않는다. 큰가시고기를 예로 들면, 지그재그 춤은 분명히 타이밍, 설득, 정위, 생식 격리에 기여하는 것이지만, 큰가시고기와 잔가시고기와의 혼인색의 차이는 단지 생식 격리의 관점에서만 이해할 수 있다. 또 우리는 타이밍, 설득에는 관련되지만, 정위에는 관계없는 구애 행동에 대해서도 알고 있다. 예를 들어 뱀눈나비의 암컷은 한 수컷의 구애에 타이밍도 맞고 설득되기도 하지만, 첫 번째 수컷이 암컷의 반응을 자기 쪽으로 유인하지 못할 때는 다른 수컷과 짝지을 수도 있다. 비둘기의 경우에도 유사하게 수컷의 계속적인 울음이나 인사로 암컷은 그렇게 많이 정위(定位)하지 못해도 암컷의 생식선이 배란(Ovulation)을 시작하게 할 수는 있다. 갈라파고스(Galapagos) 군도의 '다윈 방울새류(Darwin's Finches)'의 근연종들 중에서도 거의 일치하는 구애 행동을 볼 수 있다.[48] 그러나 교잡은 없다. 여기서의 생식 격리는 부분적으로 생태학적 격리에 의한 것이기도 하고 또 먹이의 종류와 관련되어 다른 종과 구별되는 그들 자신의 종의 부리 형태에 특이적으로 반응하기 때문이기도 하다. 그러므로 이런 경우 구애 행동은 생식 격리와 관련이 없지만, 다른 모든 기능을 수행한다.

이런 모든 경우의 구애 행동에서 그들의 기능이 세세한 전이 얼마나 다른지는 모르지만, 한 가지 공통점이 있다: 그들은 상대편이 반응하는 신호들을 보낸다는 것이다. 다음 장에서 필자는 이런 신호들의 성격과 기능에 대해 더 자세하게 논의할 것이다. 그러면 실험적 증거들이 단편적이기 때문에 이끌어진 결론이나 일반화된 많은 부분이 아직 일시적이고 불확실한 것이라는 것이 분명해질 것이다. 모델의 도움을 빌려 더 발전된 실험들이 요망되고 있다.

3장

：

# 가족, 집단생활

# 01
## 서론

    2장에서 두 배우자 사이의 관계에서 목적을 달성하기 위한 협동에 대해 살펴보았다. 가족 단위에서의 협동은 암컷과 수컷의 관계뿐 아니라, 부모와 자식과의 관계도 포함되기 때문에 더 복잡하다. 또한 실제로 행동의 목적도 더 복잡하다. 부모들은 은신처와 먹이를 마련해야 하고, 새끼들을 포식동물로부터 보호해야 한다. 이런 모든 기능 속에서, 행동은 시간에 맞추고 정위되어야 한다. 이것을 달리 방해하는 몇몇 다른 경향들은 억압되어야 한다. 예를 들어, 많은 종에 있어 새끼들은 보통 어미에게 급이(給餌)를 유발하게 하는 모든 자극을 준다. 다른 종의 경우 어미들은 새끼들에게 도피를 유발하는 데 필요한 모든 자극을 제시한다. 나아가서 생식 격리의 필요나, 각기 다른 종에 속하는 새끼와 어미의 반응을 방지할 필요가 있다: 만일 이런 반응이 있게 되면 효율성을 상실하게 되고, 비효율성은 생존 경쟁에서의 패배를 의미하게 된다. 나아가서 이런 상황에 배우자 간의 관계에서는 두드러지지 않았던 새로운 요소가 첨가 된다. 즉 포식동물로부터의 새끼 보호(방어) 등의 문제가 생긴다. 이것은 새끼들의 무기력함을 보충해 주는 수단이다.

그러나 다른 충동의 억제나 종간의 협동에 대한 방해가 짝짓기 행동에서만큼 강한 가능성을 가지지 않기 때문에 가족 간의 협동에서는 구애에서 발견할 수 있는 그런 정교한 의식에 의존하지 않을 수도 있다. 모든 '의식(Ceremony)'이나 신호의 사용은 실행하고 있는 개체를 두드러지게 해서 공격받기 쉽게 만들기 때문에 그러한 의식은 이익이 불이익보다 클 때만 진화하도록 해왔다. 다른 말로 바꾸면, 엄격하게 필요한 경우가 아니면 진화되지 않았다는 것이다. 이것은 여러 종에서 사용하고 있는 신호들의 풍부함을 생각하면 이상해 보일지도 모르지만, 이런 의심은 우리가 신호들의 엄격한 필요성을 깨달을 때 사라질 것이다. 우리는 어미 새들에 의해 새끼들이 양육되는 것을 당연한 사회적 협동의 하나라고 여기는 경향이 있다. 그러나 이것은 단지 우리가 거기에 익숙하기 때문이다. 비정상적인 어미가 새끼를 버릴 때 놀라는 대신, 대부분의 어미가 새끼를 버리지 않고 대단히 어렵고 복잡한 이 일을 끝까지 해낸다는 것에 놀라야 한다.

우리는 먼저 가족 조직을 살펴보고, 집단 조직을 살펴볼 것이다. 그리고 이 두 경우를 통해 우리는 이 조직을 이루고 있는 관계의 성격에 대해 알아봐야 할 것이다.

# 02
## 가족생활
...............

재갈매기가 자신의 알을 가지기 전에 그의 영토 안에서 알을 하나 발견한다면, 비록 알이 바로 그의 둥지 안에서 발견됐다고 해도 그 알을 품어주지 않을 것이다. 그는 보통 그 자신의 알과 그의 이웃의 알을 구별하지 못하기 때문에 그 알이 자신의 것이 아닐 거라고 생각해서 알을 품지 않는 것은 아니다.

그 갈매기는 아직 '알을 품고 싶지' 않은 것이다. 즉 부화를 가능하게 하는 어떤 내적 요소가 아직 없는 것이다. 번식기 이외에 알은 갈매기들에게 단지 먹이일 뿐이다. 알을 낳기 바로 직전에 암수는 모두 '둥지 속의 알들'을 부화시키게 하는 자극 상황에 답할 준비를 하게 하도록 그의 신경계가 내적 변화를 겪게 된다. 비둘기와 가금류, 대부분의 갈매기들에서 주요 내적 요인은 뇌하수체에서 분비되는 호르몬인 프로락틴(Prolactin) 프로락틴(Prolactin): 뇌하수체 전엽의 성호르몬, 생식기관, 유선 등의 기능을 증진함이다.73 그러나 이것이 포란의 타이밍에 관여하는 유일한 요인은 아니다. 왜냐하면 빈 둥지에서 포란하는 것은 가끔 일어나지만 정상이 아니면 결코 지속되지 않기 때문이다. 바로 알 자체가 필요한 것이다. 알은 알을 부화시키고 싶어 하는 새를 앉게끔 유발하는 시각적이고, 촉각적인 자극체이다. 여기서 다음 단계의 타이밍과 관련을 가지게 된다. 즉 호르몬 상황에 의한 대강의 타이밍과 직접 반응을 불러일으키는 자극에 의한 좀 더 세밀한 타이밍을 말한다.

새끼들이 깨어나면, 어미의 행동은 또 변화한다. 그들을 먹이고 보호하는 새로운 행동 유형이 나타난다. 이 새로운 유형은 한 종을 다른 종과 구분시켜 준다. 따라서 자연에서 발견되는 수많은 새끼 돌보기 행동 유형을 검토해 보는 것은 가치 있는 일이다. 그러나 이 책의 범위에서는 허락되지 않는다. 필자는 단지 우리의 지식이 대단히 불완전하기 때문에 좀 더 발전된 연구(순수하게 서술적인 것이라 해도)의 필요성을 강조할 수 있을 뿐이다.

알을 돌보는 것에서 새끼를 돌보는 것으로의 변화는 대략의 내적 타이밍에 의한 일이다. 이것은 외부 자극에 의한 더 정확한 타이밍에 의해 조정된다. 예를 들면 포란의 초기 단계에서 새들은 껍질을 깨고 나오는 알이나 새끼 새를 기꺼이 받아들이지는 않는다. 그러나 끝으로 갈수록 그런 알이나 새끼 새를 며칠 일찍 제시하더라도 받아들인다. 그러므로 포란 과정에서 새는 내적으로 새로운 국면을 준비하고 있는 것이다. 프로락틴이 또 필요한 것은 분명하지만 프로락틴이 포란을 활성화시킨 것과 마찬가지로, 몇몇 부수적인 변화가 일어나야만 한다.

외적 자극은 새끼들에 의해 제공된다. 어떤 조류의 경우, 새끼들이 아

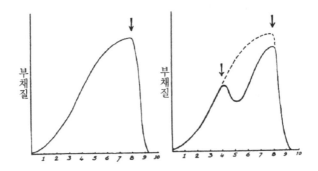

그림 23 | 왼쪽: 큰가시고기의 수컷이 알을 산란한 후 열흘 동안 부채질한 시간. 하살표는 부화된 닐을 가리킨나. 오른쪽: 4일째에 부화한 알로 바꾸었을 때의 부채질한 그래프

직 알 속에 있을 때도 새끼들에 의해 주어지는 자극의 표시가 있다.[100] 아마 대부분의 어미들은 부화하기 전에 들리는 소리에 반응할 것이다.

큰가시고기 수컷이 돌보는 알을 좀 더 오래된 알로 교환했을 때, 그 알들이 부화해서 새끼가 되면 수컷은 받아들인다. 수컷은 새끼들을 보호한다. 그리고 그의 양자들이 깨어나는 순간, 부채질의 동작도 갑자기 멈춘다. 그러나 완전히 멈추지 않고 자신의 알들이 부화할 때까지 계속하다가 새로운 좀 더 낮은 정점에 도달한다(그림 23). 그 수컷은 알이 교환된 다음부터는 더 이상 그의 새끼들과 접촉하지 않았기 때문에 그 두 번째 정점은 내재적 요인에 의한 것임에 틀림없다.

일단 어미가 새끼들을 돌보는 단계에 접어들면, 새끼들에 대한 급이 활동은 후자(내재적 요인)에 의해 시간이 조절된다. 또, 조류가 이런 점에서 가장 잘 연구되었다. 많은 명금류 새끼들은 어미가 먹이를 줄 수 있도록 입을 벌려야만 한다. 만약 그들이 입을 벌리지 않으면, 어미 새는 꽤 당황한 듯이 무기력하게 바라볼 뿐이다. 새끼들을 자극하기 위해 두 번째 화살표는 양자인 알들에 의해 유도되지 않은 '자율적인' 부채질의 정점을 가리킨다.

건드리거나 부드럽게 부르짖는 등의 특정한 사회 행동으로 호소할 수도 있지만, 이것이 안 되면 대개 부모가 먹이를 삼켜버린다. 자연은 흔히 우리에게 하나의 실험을 제시해 준다. 예를 들어 새끼 뻐꾸기(Cuckoo, Cuculus Canorus)에 대한 명금류들의 반응은 가장 교훈적인 것이다. 뻐꾸기가 유럽딱새의 둥지에 알을 낳았을 때, 대개 뻐꾸기의 알은 그의 양부모의 알들보다 먼저 부화한다. 부화하고 얼마 지나지 않아 새끼 뻐꾸기는 다른 알들을 밀어 버리거나(그림 24), 만약 그 사이에 알들이 깨어나면 새끼를 밀어 버린다. 새끼 뻐꾸기는 알을 등에 업고 뒤로 기어가 둥지의 가장자리 너머로 밀어 버린다.[31] 그러면 불운한 새끼들은 추위와 굶주림으로 죽게 된다. 밀려난 새끼들이 둥지의 가장자리에 남아 있을 수도 있다. 어미 새는 그들을 둥지 안으로 다시 데려오거나, 그 자리에서 먹이를 먹이거나 보호해서 구해 주는 일은 없다. 새끼 뻐꾸기는 입을 크게 벌리지만 새끼 딱새는 그렇지 않기 때문에 어

**그림 24 |** 양부모의 알들을 밖으로 던져 버리고 있는 **새끼 뻐꾸기** (Heinroth and Heinroth, 1928)

미들은 자기 새끼를 무시하게 된다. 어미들이 새끼들로부터 필요한 자극을 받지 못하기 때문이다. 몇몇 육식조류에서는 새끼들을 먹이는 순서가 전적으로 그들이 조르는 데(Begging) 달려 있음이 관찰되었다.[80] 가장 강하게 조르는 것이 먹이를 받게 된다. 먹이를 조르는 강도는 그들이 얼마나 굶주려 있나에 달려 있기 때문에 각 새끼들은 순서대로 먹게 된다. 그러나 새끼들 중 하나가 처음부터 몸이 약해서 거의 먹이를 얻어먹지 못해 조르는 반응이 계속 더 약해져서 결국 죽게 되는 일이 개구리메(Harreier)나 여러 올빼미류(Owl)에서 발견된다.

어미 새가 자식에게 반응해야 할 뿐만 아니라, 자식들도 시간에 맞춰 조르는 행동을 통해 어미에게 반응해야만 한다. 먹이를 조르는 것은, 또한 다른 유형의 선전(Advertisement)이나 마찬가지로 위험한 것이며, 계속 먹이를 조르는 것은 단지 몇 종에게만 허용될 수 있는 사치스러운 것이다.[96] 이것은 딱따구리(Woodpeckets)와 같은 구멍 번식 조류에게서 발견할 수 있다. 그러나 이런 경우에도 파멸의 원인이 될 수 있다. 금눈쇠올빼미(Little Owl)는 찌르레기와 같은 구멍 번식 조류들의 둥지를 약탈하는 것으로 알려져 있는데, 필자는 직접 참매(Goshawk)가 한 마리의 시끄러운 까막딱따구리(Black Woodpecker)를 둥지 구멍에서 꺼낸 뒤, 또 남은 한 마리를 채 가는 것을 본 적이 있다. 사실상, 먹이를 조르는 것은 흔히 어미들 중 하나가 실제로 먹이를 가지고 둥지에 올 때로 제한된다. 이것은 또한 어미들에 의해 주어진 자극에 새끼들이 반응할 때 가능하다. 예를 들어 지빠귀 새끼들은 어미 새가 둥지에 내려앉을 때 둥지가 약간 흔들거리게 되면 입을 벌리기 시작한다. 나중에 그들의 눈이 떠지면, 시각적 자극에 반응하는 것이다. 또 1주일쯤 지나면 새끼들 중 몇몇은 어미의 목소리에 반응한다. 재갈매기의 새끼들은 어미 새의 '고양이 울음소리' 같은 소리에 의해 먹이를 조르도록 자극된다. 그 새끼는 어미 새에게 달려가서 그의 부리 끝을 쪼아서 몇 번 실패를 한 뒤에, 주어진 먹이를 받아서 삼킨다. 며칠이 지나면 새끼들은 각기 그들의 어미 새를 알아보고 단지 어미에게만 먹이를 조른다. 가금류의 새끼들은 좀 더 독립적이어서, 처음부터 바로 스스로 먹이를 찾아 먹는다. 그러나 그들조차도 어미가 먹을 것을 발견할 때마다 하는 특이한 소리와 동작에 반응하여 어미에게 달려간다.

이런 몇몇 예를 통해 분명해진 것은 타이밍과 정위의 기능들이 대개 같은 자극에 의해 수행된다는 것이다. 어미들은 새끼들에게 '이제 저기 먹이가 있다'는 것뿐만 아니라 '여기 먹이가 있다'는 것까지 전달하는 것이다.

설득 또는 부적절한 반응에 대한 억압은 새롭고 대단히 흥미로운 문제들을 제기한다. 예를 들어, 많은 물고기들은 새끼들이 너무 작아서 그들 어미의 먹이의 범위에 들어간다. 이것은 새끼들을 유난스럽게 키우는 큰가시고기와 키클리드에게도 적용된다. 어떻게 어미들이 그들의 새끼를 먹지 않을 수 있었을까? 입으로 새끼들을 키우는 키클리드에서 이것은 상대적으로 쉽게 풀 수 있다. 역돔(Tilapia natalensis)의 암컷은 입속에 새끼들을 데리고 다니는 한 먹지 않는다. 뭐든 먹으려는 본능이 억압되어 새끼들을 먹으려는 경향도 억제되는 것이다. 그러나 다른 키클리드들은 큰가시고기의 수컷과 같은 습관을 가지고 있다. 그들은 낙오된 새끼들을 집어서 무리 속으로 다시 갖다 놓는다.⁴ 그들의 먹이를 찾는 본능은 사라지지 않았지만, 다행히도 번식기 전체를 통해 물벼룩(Daphnia)이나 실지렁이(Tubifex), 다른 먹이를 먹는다. 로렌츠는 어미가 먹이와 새끼들을 구별하는 능력에 대해 설명해 주는 대단히 흥미롭고 재미있는 사례를 보고하고 있다.⁵⁷ 많은 키클리드들은 황혼 무렵, 새끼들을 뒤에 데리고서 그들이 바닥에 파놓은 구덩이, 즉 일종의 '침대'로 간다. 로렌츠가 그의 제자들과 관찰했을 때 수컷은 이 목적을 위해 새끼들을 모았다. 수컷이 새끼 한 마리를 막 덥석 물었을 때, 수컷은 특히 관심을 끄는 조그만 벌레 한 마리를 보았다. 수컷은 멈춰서, 몇 초 동안 그 벌레를 망설이는 듯 바라보았다. 그러고 나서 몇 초 동안의 '어려운 생각' 끝에, 그는 새끼를 뱉어내고 벌레를 삼켜버린다. 그리고는 다시 새끼를 집어서 집까지 데리고 가는 것이다. 관찰자들은 열렬히 박수를 보낼 수밖에 없었다.

많은 조류의 경우, 다 자란 새끼들은 어른 새의 모양을 하고 있어서, 그들의 어미를 '곤혹스럽게(Annoy)' 하기 시작한다. 즉 그들의 모양이 어미의 공격성을 자극하기 시작한다. 그들은 한동안 어미에게 잘못 이해할 수 없는 유아 행동(Infantile Behaviour)을 해 보임으로써 공격을 막는다. 필자는 재갈매기에게서 이러한 것을 보았다. 새끼들은 어떤 의미에서 어른 갈매기의 공격적인 자세와 정반대되는 굴복적인 태도를 개발해 가는 것을 발견했다. 그들은 목을 움츠리고, 부리를 약간 위로 향하게 하는 수평적인 자세를 취한다(〈사진 5〉 상단). 이것은 분명히 수컷에게 구애하기 위해 다가가는 암컷의 자세와 일치하는 것은 우연이 아니다(그림 25). 시간이

사진 5 | 왼쪽_새끼 재갈매기의 복종 자세, 오른쪽_남극의 조지아섬에 있는 황제펭귄의 탁아소

지남에 따라 성체의 양친성 충동이 약해지기 때문에, 새끼의 이런 자세는 점점 효과를 잃게 된다. 대개 이 관계는 어미가 자식에게 흥미를 잃을 때, 새끼들은 이제 스스로를 돌볼 수 있으므로 균형을 유지하게 된다.

부모들이 그들의 새끼를 먹지 않게 하는 또 다른 체계가 키클리드에서 발전되어 왔다. 그들은 다른 종의 새끼들은 먹는다. 그들이 자신의 새끼와 다른 종의 새끼를 구별하게 만드는 데는 흥미로운 학습의 과정이 있다. 이것은 노블(Noble)69의 간단한 실험에서 나타났다. 그는 태어나서 처

그림 25 | 수컷에게 구애하는 암컷 재갈매기(왼쪽)

음으로 새끼를 길러보는 경험이 없는 한 쌍이 난 알을 다른 종의 알과 바꿔치기했다. 알들이 부화되자 그들은 새끼들을 받아서 키웠다. 그러나 그들이 자신의 종의 새끼들을 만날 때마다 그것을 먹는 것이 아닌가! 이런 쌍은 영원히 망가져서, 다음번에 그들 자신의 알이 부화했을 때 게걸스럽게 먹어 버리는 것이다. 그들은 다른 유형의 새끼들을 자신의 새끼들로 알고 있는 것이다.

반대로, 어쨌든 새끼들이 포식동물에게 반응하듯이 그들의 어미에게 반응하는 것을 막아야 한다. 많은 종의 새끼 물고기들은 그들 부모 크기의 물고기로부터 도망간다. 만약 어미로부터의 도피를 어떤 식으로든 막지 못한다면, 물론 어미의 보살핌을 불가능하게 한다. 큰가시고기의 경우에 수컷은 새끼들에 비해 너무 빨라서 그들이 도망치려 할 때 곧 따라잡는다는 생각이 들었다. 새끼들이 최선을 다해 도망가려고 할 때 수컷이 그들을 잡으려고 애쓰는 것은 꽤 재미있는 광경이었다. 필자가 1장에서 얘기했듯이, 새끼들이 부레에 공기를 채울 목적으로 표면으로 갈 때, 그들은 이 동작을 위해 특별히 준비한 듯, 놀라운 속도로 가는 것이었다. 그때 사실상 새끼들은 아버지보다 한 수 더 떠서 붙잡을 기회를 주지 않기 위해 위아래로 움직여 가는 것이다. 그러나 키클리드의 새끼들은 그의 어미를 완전히 신뢰한다: 어떻게 해서 이런 결과가 생기는지 아직 잘 알려지지 않았다.

로렌츠는 해오라기(Night Herons, Nycticorax Nycticorax)가 어떻게 새끼들에게 그들 어미의 의도를 '확신시키는지(Convince)'를 발견했다.[55] 해오라기는 둥지로 돌아오면, 둥지 속에 그의 짝이 있든, 새끼가 있든 간에 완전한 인사를 하는 것이다. 그렇게 하면서 그는 쉴 때 함께 접어 놓았던 세 개의 가느다란 하얀 깃털을 들어 올려서, 아름다운 푸른빛이 나는 검은 모자를 자랑한다(그림 26). 이런 서두가 있은 다음에 그는 둥지 속으로 들어가서 진심으로 받아들여지는 것이다. 어느 날 로렌츠가 둥지가 있는 나무로 올라가서 어미 새 중 하나가 돌아올 때 둥지 옆에 서 있었다. 그 어미 새는 길들여졌기 때문에 날아가지 않았으나 달램 의식(Appeasement Ceremony) 대신에 공격 자세를 취했다.

새끼들은 로렌츠를 두려워하지 않고, 즉시 자기들 아버지인 어미 새를 공격했다. 이것은 그가 나중에 확인하게 되었지만 해오라기가 그 달램 의식을 보여 주어 방어 본능을 억제하게 하는 유일한 조류이기 때문에, 새끼들이 어미를 '알아볼 수' 있었다는 첫 번째 표시였다.

부적당한 반응들에 대한 억압의 문제에 대해서는 많이 알려져 있지 않지만, 이런 몇 안 되는 예로서도 이 문제가 얼마

그림 26 | 위: 쉬고 있는 해오라기, 아래: '달램 의식'을 하고 있는 해오라기

그림 27 | 키클리드(Hemichromis bimacu
latus): 새끼를 돌보는 일에서 막 풀려난 어
미가 똑바로 이리저리 헤엄침으로써 새끼들
의 다음 반응을 억제 시킨다(Barends and
Barends, 1948)

나 재미있는지를 보여 준다. 자연에서 이런 연구를 하는 것은 어려운 것이 아니다. 이 문제는 그전에는 아무 의미 없어 보이던 많은 유형의 행동에 대해 잘 이해할 수 있게 한다. 키클리드 Hemichromis bimaculatus의 경우를 보면, 어미들이 교대로 새끼들을 지키는데, 그의 배우자에 의해 막 임무에서 해방된 어미는 빠르고 곧장 나아가는 방법으로 새끼들로부터 멀리 헤엄쳐 간다(그림 27). 배런즈와 배런즈(Baerends and Baerends)5는 이것이 어미가 없는 사이에 멀리 헤엄쳐 나가는 것을 방지하는 것이라고 보았다. 같은 이유에서 인간이 비슷한 의식을 발전시켜 왔다는 것을 아는 것은 흥미로운 일이다.

'인사(Greeting)'는 그것의 심리학적 배경이 어떤 것이었든 간에 공격성과 관련된 반응을 억압하고, 좀 더 넓은 접촉의 문을 열게 하는 달래는 기능을 가졌다고 볼 수 있다.

격리의 기능은 짝짓기에서보다 부모-자식의 관계의 영역에서 아마 의미를 훨씬 덜 가지는 것일 것이다. 그러나 물론 어미가 다른 종의 새끼들에게 보살핌의 손길을 뻗침으로써, 그들 자신의 새끼들이 희생되는 것을 막을 필요는 있다. 그러나 새끼 돌보기 행동은 내개 새끼들이 있는 장소로 제한된다. 그러나 닭목의 새들(닭, 정, 자고, 칠면조 등)처럼 새끼들이 어미와 같이 돌아다니는 종들에서 격리 기능은 더 중요해 보인다: 이 집단의 새끼들의 뚜렷한 머리 모양이 이 기능을 하고 있을 가능성이 많다. 많은 종에 있어 소리도 역시 그들 종에게만 어미의 보살핌이 집중될 수 있도록 도와줄 것이다.

무기력한 새끼들을 방어할 필요성에서 사회 행동의 새로운 범주가 도입되고 있다. 많은 종에서 새끼들은 위장(Camouflage)된다. 그러나 위장은 정지된 상태와 결합할 때만 도움이 된다. 그러나 먹이를 찾거나 먹이를 달라고 조를 때는 움직임이 필요하다. 그러므로 많은 종에서 어미가 새끼들을 '웅크리도록(Crouch)' 자극할 수 있는 특별한 행동이 진화되어 왔다. 그리하여 검은노래지빠귀의 어미가 경계음을 내어 새끼들이 먹이를 달라고 조르는 것을 억제시키고, 둥지 속에 웅크리고 있도록 하는 것이다. 이것이 새끼들에게 얼마나 뿌리 깊게 파고든 반응이었던지, 필자가 새끼들에게 먹이 조르는 행동을 유발하게 하는 자극에 대한 몇 가지 실험을 해보려고 할 때마다 무색하게 했다.[107] 어미가 둥지 근처의 우리의 존재에 대한 반응으로 경계음을 내자마자 새끼 새들은 가장 먹음직스러운 먹이에조차도 무관심하게 되었다. 이런 반응은 새끼들이 움직일 수 있는 종에서 더욱 발달했다. 대개 그런 새끼들은 보호색을 가지고 있다. 아주 어린 재갈매기의 새끼들은 경계음이 들릴 때 둥지에서 웅크리기만 한다. 그들이 자라면 둥지 근처에 특별히 숨을 곳이 있음을 배우고, 부모가 경계음을 낼 때마다 거기서 웅크리고 있다. 다른 종들에서는 위장에 좀 덜 의지하여 어미에 의한 방어가 발달되어 있다. 그런 종의 새끼들은 '위험의 조짐이 있는' 포식동물로부터 떨어진, 어미 가까이에 은신처를 구한다. 이 것은 많은 오리, 거위, 몇몇 가금류에서 발견된다. 키클리드도 이와 비슷하지만, 꽤 독자적인 반응도 발달시켜 왔다.

재갈매기는 경계음의 타이밍과 정위 기능을 구별해 줄 필요가 있다는 것을 보여 주는 좋은 예가 된다. 어미의 경계음은 반응의 시간을 정한다. 그것은 새끼로 하여금 숨고 싶은 욕망을 해발한다. 그러나 어미는 그들에게 포식동물이 어디 있는지, 또 어디에 숨어야 할지는 말해 줄 수 없다. 이 것은 필자가 재갈매기 서식처의 잠복 장소에서 사진을 찍고 있을 때 확실해졌다. 그 잠복 장소는 오랜 시간 그 장소에 있었고 늙고 어린 모든 갈매기들에게 풍경의 일부로 받아들여졌던 것이다. 어미들은 그 꼭대기를 전망을 바라보는 곳으로 사용했고, 새끼들은 위험시 그 속에 숨었다. 어느 날 필자가 잠복 장소 속에 앉아 있다가 부주의한 동작을 했는데, 이것이 어미 새 중 하나에게 발견되었다. 신속히 경계음을 내고 그 잠복 장소로부터 달아났다. 새끼들은 경계음에 자극되어 은신처로 달아났다. 필자의 잠복 장소는 그들의 특별한 은신처였기 때문에 그들은 모두 이 사자 굴로 들어와 필자의 발밑에 웅크리고 있었다.

부모와 자식의 관계와는 별도로 암수 사이에 그들의 임무를 분담하여 하는 일이 가능하다. 예를 들어 댕기물떼새의 경우, 수컷이 보초를 서고 있는 동안, 암컷이 알을 품는다. 수컷의 임무는 포식동물이 다가올 때 암컷에게 경고하고, 포식동물을 공격하는 것이다. 수컷의 경계음에 의해 암컷은 알들이 보호색에 의해 보호되리라 믿고 알들을 두고 달려 나오는 것이다.

약 45m를 달려 온 후 암컷은 날아올라서, 수컷과 함께 포식동물을 공격하는 것이다. 다른 종들의 경우 암수가 모두 알을 품을 수도 있다. 여기서 또 타이밍의 문제가 생긴다. 많은 종에 있어서 알들은 결코 혼자 남겨지지 않는다. 어떻게 배우자가 도착하기 전에 알 위에 앉아 있던 새가 알들을 버려두는 일을 막을 수 있을까? 이것은 교체 의식(Relief Ceremony)을 통해 이루어진다. 그때까지 앉아 있는 새는 기다려야 하며, 이 의식 없이 알을 떠나는 것은 어려운 일이다. 재갈매기 어미 중 포란을 하고 있지 않은 쪽은 몇 시간 동안 먹이를 찾아다니다가 포란 충동이 커지기 시작하면, 그의 영토로 날아온다. 여기에서 그는 둥지 재료를 모으고 둥지 쪽으로 간다. 흔히 그는 그전에, 새끼들에게 먹이를 먹이기 전에 사용했던 것과 같은 울음소리인 '고양이 울음소리'를 낸다. 이 소리를 내면서 이런 행동으로 접근하면 앉아 있던 상대방을 일어서도록 자극하게 된다. 그러나 만약 앉아 있던 새의 포란 충동이 아직 너무 강하면, 그 새는 상대방의 가장 강렬한 교체 의식에조차 반응하지 않고 알 위에 남아 있을 것이다. 만약 그 새가 배우자를 알에서 유인하는 데 실패하면, 그는 힘으로 그 배우자를 제거하려고 시도할 수도 있고, 결과적으로 조용하지만 결연한 다툼이 생길 수도 있다〈사진 4〉. 일부 종에서는 정반대의 상황을 어떻게 처리하는지도 알고 있다. 포식동물이 가고 난 직후에 가끔, 한 쌍의 흰죽지관마물떼새는 여전히 혼란된 상태에 있기 때문에 둥지에 돌아가려고 하지 않는다. 이런 경우에 수컷은 암컷을 둥지로 가게 할 수 있는 것처럼 보인다.[49]

한배의 새끼들이 두 번 연속적으로 '끼어들게 되면(Telescoped)', 즉 앞

그림 28 | 새끼들과 함께 있는 흰죽지꼬마물떼새

의 새끼들이 독립하기 전에 새로 또 한배가 시작하게 되면 더 복잡한 상황이 발생한다. 이것은 쏙독새에게 규칙적으로 생기며, 흰죽지꼬마물떼새에서도 자주 생긴다. 쏙독새의 경우 어미들은 그들의 임무를 엄격히 나눈다. 수컷은 새끼들과 머물러 있고, 암컷은 새알들 위에 앉아 있다.44 흰죽지꼬마물떼새의 경우 어미들은 알 위에 앉아 있는 것과 새끼들을 데리고 다니는 것(그림 28)을 교대로 하며, 몇 시간마다 서로의 임무를 바꾼다.49 이것은 또한 한 새가 나머지 새에게 바꾸자고 신호를 보내는 행동의 특별한 유형에 의해 시간이 정해진다.

어미들이 서로에게 경고하기 위해 내는 경계음은 새끼들에게 영향을 미치는 것과 같은 것이다. 그러나 상대방의 반응은 다르다. 어떤 종의 암컷은 둥지 위에 웅크린다. 이것은 개방된 지역에서 번식하는 종으로 암컷이 보호색을 띠고 있는 많은 오리, 쏙독새, 마도요, 꿩들과 같은 종들에게 있는 관례이다. 다른 종들은 재갈매기와 같이 행동하여 포식

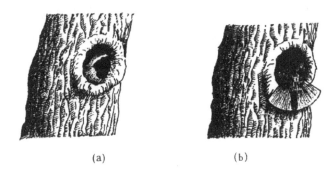

(a)　　　　　　　　　　　(b)

그림 29 | 유럽딱새의 수컷이 암컷에게 그의 둥지 구멍을 과시하는 두 가지 방법. (a)화려하게 채색된 머리를 보인다. (b)그의 붉은 꼬리를 과시한다(Buxton, 1950).

동물을 공격하는 동안에는 알이나 새끼들을 떠난다. 이 공격은 각 쌍들의 일이 될 수도 있고, 또는 실제 사회적 공격이 될 수도 있다. 예를 들면 갈까마귀떼의 구성원들은 흔히 집단으로 공격한다. 각 새들은 다른 모든 새들의 경계 신호에 반응할 뿐만 아니라, 특히 그 포식동물이 그들의 번식지 가까이에 있지 않을지라도 공격에 다른 새들과 함께 참여한다. 제비갈매기(Common Terns, Sterna Hirundo)의 경우에는 사람이 침입했을 때는 개별적인 공격을 가하지만 족제비(Stoat)에게는 집단 공격을 하는 것이 관찰된다.

많은 조류에 있어 암수 모두가 둥지의 소재지를 아는 것이 필수적이며, 또 배우자에게 둥지의 소재지를 지적해 주는 수많은 행동 유형이 있다. 암수가 함께 둥지 자리를 선정하고 나면 그 둥지 자리에서 두 마리가 참여하는 의식들이 있다. 그래서 재갈매기는 선정된 자리에 앉는다. 그리고 교대로 둥지에 앉아서 다리로 둥지 구덩이를 판다. 많은 구멍 번식 조류에 있어서 수컷은 암컷보다 먼저 영토에 도착하여 둥지의 구멍을 골라 놓고 특이한 과시(Display)로 암컷의 주의를 끈다. 예를 들면 딱새의 수컷은 둥지 입구에서 그의 화려한 색깔의 머리와 붉은 꼬리를 충분히 이용하여 여러 가지 방법으로 자기 자신을 눈에 띄게 한다(그림 29).[11] 황조롱이의 수컷은 암컷이 보는 앞에서 어떤 의식의 방법으로 둥지 쪽으로 내려온다.

지느러미발도요(Phalaropus Lobatus)에서 특이한 경우가 관찰되었다. 여기서는 암컷이 더 눈에 띄는 색깔을 하고 있고, 수컷은 흐릿한 보호색의 깃털을 가지고 있다. 암컷이 영토를 선택하고 방어하며 노래를 해서 수컷을 끌어들인다. 수컷은 혼자 포란하며 새끼들을 보호한다. 암컷은 알을 낳을 만큼 충분히 여성적이기 때문에, 암컷은 수컷에게 둥지를 가르쳐 줄 수 있음에 틀림없다. 이것은 암컷이 알을 낳기 직전에 노래를 다시 함으로써 이루어진다. 수컷은 처음에 암컷에 이끌려 왔을 때보다 더 암컷의 노래에 저항할 수 없게 되어, 즉시 암컷을 따라간다. 그러면 암컷은 둥지로 가고, 수컷의 앞에서 알을 낳는다.[93] 암컷이 장차 수컷의 보살핌의 대상이 되는 것(즉 알)을 낳고 있는 곳을 수컷이 지켜주는 것도 의식이다.

# 03
## 집단행동
..........

　많은 동물들이 가족보다 더 큰 집단에 모인다. 그런 집단은 거위나 백조 떼같이 몇몇 가족으로 구성된 것일 수도 있고, 가족의 유대로 더 이상 묶여 있지 않은 개체들로 구성될 수도 있다. 개체들이 집단을 이룸으로써 얻을 수 있는 이점에는 여러 가지가 있을 수 있다. 그중 포식동물로부터 방어할 수 있는 것이 가장 뚜렷한 것이다. 고등한 동물들의 무리 구성원들은 위험 시에 서로 경고해 준다. 그러므로 전체로서의 무리는 그 무리의 개체들이 가장 잘 지켜보고 있는 만큼 경계 태세가 갖추어지는 것이다. 더구나 많은 동물들이 서로 집단 공격(Communal Attack)에 참여한다. 이런 활동은 주로 고등한 동물들에서 발견되지만, 좀 더 낮은 단계에서도 우리는 무리 짓기의 수많은 다른 기능을 발견할 수 있다. 앨리(Allee)[1,2,114]와 그의 동료들은 이런 수많은 사회적 이점에 대해 실험적으로 설명했다. 예를 들어, 금붕어는 혼자 살 때보다 집단 속에 있을 때 더 많이 먹는다. 이들은 또 더 빨리 자란다. 이것은 먹는 먹이가 증가해서만이 아니라, 다른 요인들도 있다. 혼자 살고 있는 금붕어가 집단 속에 사는 금붕어 한 마리만큼의 양을 먹을 때도 이런 일은 발생한다. 해산 편형동물 Procerodes는 혼자 있을 때보다 집단으로 살 때 염분의 변동에 더 잘 견딘다. 바퀴(Cockroaches)의 정위 실험에서의 결과는 그들이 혼자 있을 때보다 둘, 셋씩 무리지어 살 때 더 나은 성과를 얻었다. 웰티(Welty)에 의해 밝혀진 물벼룩(Daphnia)이 무리 지었을 때의 이점은 포식동물로부터의 공격의 노출성이 줄어든다는 것이다. 이것은 포식자에 대한 '혼란 효과(Confusion Effect)'에 의한 것이다. 금붕어가 밀집해 있는 물벼룩의 무리를 만났을 때, 그들은 처음 한 마리를 덥석 삼키기 전에 한 물벼룩에서 또 다른 물벼룩으로 계속해서 돌아다니게 된다. 그러므로 그들이 전체 먹는 양은 다소 적당한 밀도의 무리보다 적어진다. 멋쟁이나비(Vanessa io)의 유충들은 무리를 지음으로써 딱새와 같은 명금류로부터 자신을 보호한다. 그 새들은 계속 유충들의 무리에 혼자 남아 있다가 단지 무리로부터 기어나오는 것만 쪼아 먹는다.[64]

이제 집단생활이 개체와 종에서 여러 가지 이점을 준다는 것이 명백해졌다. 여기서 우리는 다시 한번 의문을 가져보자. 이런 유익한 결과에 행동은 어떻게 기여하는가?

첫째, 개체들은 함께 모여야 하고, 함께 머물러야 한다. 이것은 반응자의 여러 감각 기관에 작용하는 신호들에 의해 이루어질 수 있다. 조류의 경우, 이 신호들은 시각적 내지는 청각적이거나 혹은 시각과 청각 둘다가 된다. 오리와 거위의 날개에서 반사경 역할을 하는 부분은 밝은색을 띠고 있어 종간의 구별이 가능하기 때문에 이런 기능을 할 수 있도록 보여 왔다. 하인로스(Heinroth)는 세계의 많은 지역의 오리과(Anatidae)조류가 함께 모인 베를린 동물원에서 오리와 거위(그들은 흔히 날아가는 새에 대해 같이 날아서 거기에 참여한다)는 날고 있는 새가 그들과 비슷한 반사경 깃털을(오리류의 윤택이 나고 다른 색을 띤 부분) 가졌을 때 분류학적 유사성30과 관계없이 가장 쉽게 반응한다는 것을 발견했다. 그렇게 많은 조류의, 눈에 잘 뜨이는 종 특유의 꼬리 패턴은 특히 섭금류에서 뚜렷하게 나타나서 의심할 여지없이 같은 기능을 수행하고 있다. 되새과(Fringillidae) 조류와 박새 같은 많은 명금류의 노랫소리는 그 집단을 함께 모이게 해준다. 각 개체들은 자신의 종의 노랫소리에 이끌리는데, 이 사실은 무리로부터 떨어져 길을 잃고 있는 새들의 행동을 지켜보면 쉽게 확인할 수 있다.

많은 물고기들은 주로 시각적으로 서로 반응하지만, 몇몇 종에 있어서는 냄새도 일익을 담당하기도 한다. 예를 들어 연준모치(Minnows)는 자기 종의 냄새에 반응한다.[118] 그들은 심지어 여러 다른 개체들에 의해 주어지는 냄새들도 서로 구분할 수 있도록 훈련될 수 있지만27, 자연 상태에서 이런 형태의 개체 식별이 작용하는지는 알려지지 않았다.

고등한 동물의 사회 행동은 단지 집합을 하는 상태를 넘어선다. 몇몇 종에 있어서 그들은 더욱 밀접하게 협동을 한다. 1장에서 설명한 대로, 큰 가시고기는 다른 고기가 먹고 있는 광경을 보면 그 자신도 먹이를 찾기 시작하는 행동으로 반응한다. 이 효과는 '공감 유도(Sympathetic Induction)' 혹은 '사회적 촉진(Social Facilitation)'이라고 알려져 있다. 이것은 많은 종에서 관찰되고, 섭식 영역에서만 아니라 다른 본능에서도 발생할 수 있다.

무리 중의 한 새가 경계 신호를 알리면, 다른 새들도 마찬가지로 경계 태세가 되는 것이다. 잠도 또한 '전염성(infectious)' 행동 패턴이다. 심지어 보행과 비행도 이런 식으로 동조된다. 무리 중의 몇몇이 걸어가고 싶다는 의도를 나타내면, 다른 새들도 이에 참여한다. 갑자기 내려앉으면 즉시 전체 무리가 따라하게 된다. 이런 사회적 촉진의 모든 형태에서의 이점은 분명한 것이다. 그것은 모든 구성원의 행동을 동시에 보조를 맞추게 하여, 다양한 기능을 수행하느라 분산되는 것을 막기 위해서이다.

이런 관계의 대부분은 각 개체가 다른 개체들의 동작에 반응하는 경향에 의해 이루어진다. 이런 경향은 고도로 발달되어 있다. 사회적 동물들은 심지어 가장 미약한 신호에도, 가장 낮은 강도의 움직임에도 민감하다. 이런 낮은 강도의 동작들, 반쯤 의도된 마음으로 걸음이나 도약을 시작하는 것을 의도 동작(Intention Movements)이라 한다. 많은 사회적 신호들은 분명히 그러한 의도 동작에서 파생된 것이다. 일부 사회적 신호들은 대단히 전문화되어 있다. 한 갈까귀가 날아올랐을 때, 그는 집단의 나머지 구성원들을 자세하게 지켜본다. 만약 그들이 날아오르지 않으면 그는 다시 돌아와서 당분간 그 시도를 포기했다가 다른 갈까귀들을 참여하도록 유인한다.54 이것은 그 갈까귀가 땅에 남아 있는 개체들에게로 다시 날아와서 그 위를 낮게 미끄러져 내려오면서 그의 꼬리를 빨리 흔드는 동작에 의해 행해지고 있다.

사회적 협동의 또 다른 형태는 집단 공격이다. 이것 역시 조류에서 잘 알려져 있다. 갈까귀나 제비갈매기, 여러 종류의 명금류들은 포식동물

그림 30 | 아메리카황조롱이를 떼 지어 공격하는 할미새들

을 '떼 지어 습격(Mob)'하고, 그들은 앉아 있는 새매, 또는 금눈쇠올빼미나 먹이를 찾고 있는 고양이가 있는 관목숲으로 모여들기도 한다. 이런 행동은 흔히 집참새(House Sparrow)에서 발견될 수 있다. 그들은 무리를 지어서 날고 있는 새매 위로 날아올라 가끔 새매를 급습하기도 한다(그림 30).

이러한 행동은 그들이 포식자를 동시에 보았기 때문에 모든 개체들에게 동시에 일어난 것이다. 만약 그들 중 한 마리가 알아낸다고 해도, 그가 경계음을 내서 나머지에게 경고한다. 이런 경계음은 집단에는 기여하지만, 그 개체에게는 위험을 안겨 주는 행동의 분명한 예가 된다.

이런 사회적 공격은 여러 가지 기능을 한다. 만약 포식자가 적당히 배고픈 상태에 있다면, 그 포식자는 공격이 진행되자마자 달아나 버릴 것이다. 한 새매가 정말 굶주려 있을 때는 더 강렬하게 사냥을 하며, 떼거리 소동(Mobbing)도 그것을 막지는 못한다. 그렇지만 그것은 다른 먹이를 탐지하고 있는 그의 주의의 일부분을 산만하게 한다. 바다매에게 추격당하는 찌르레기나 섭금류가 그렇게 하듯이, 떼거리 소동을 하지 않고 함께 모여만 있을 경우에도 살아남을 수 있는 효과를 갖게 되어, 급습하는 바다매는 무리 중에서 고립되어 있는 새들을 고른다. 왜냐하면 그의 엄청난 속도 때문에 그 밀집한 무리로 바로 뚫고 급습하면 자기 자신이 다칠 수도 있기 때문이다.

이런 경계 신호가 항상 시각적이거나 청각적일 필요는 없다. 많은 사회적 물고기들에게 이 신호는 화학적 성질을 띨 수도 있다. 강꼬치고기(Pike)나 농어(Perch)가 무리 중에서 연준모치 한 마리를 낚아채면, 다른 연준모치들은 흩어져서 그 근처에 가지 않는다. 그들은 오랫동안 경계 태세를 하고 있어서 포식동물의 아주 경미한 신호만 있어도 은폐물로 도망간다. 이것은 죽은 연준모치의 피부로부터 방출된 물질에 대한 후각적 반응 때문이다. 이 반응은 수족관에 있는 길들여진 연준모치에게도 먹이와 함께 연준모치의 막 잘라낸 피부를 섞어 주었을 때 나타난다. 이 물질은 특수한 것으로 각 종은 그들 고유의 '놀램 물질(Fright Substance)'에 반응하는 것이다.[25]

# 4장

⋮

# 싸움

동물이 포식자에 의해 구석으로 몰렸을 때, 흔히 싸움이 일어난다. 포식자에 대한 방어로서의 싸움은 종 내의 동물들과 연관되는 것이 아니기 때문에 여기서는 언급하지 않기로 한다. 또한 그런 싸움은 종 내의 개체들의 싸움만큼 흔한 것도 아니다. 이런 종 내의 싸움은 대부분 번식기에 이루어지며, 번식 싸움(Reproductive Fighting)이라고 불린다. 몇몇 싸움은 번식기와 관계없이 집단 내 순위 관계와 관련되어 일어난다.

# 01
## 번식 싸움

**그림 31 | 싸우고 있는 붉은 사슴**

여러 종이 다양한 방법으로 싸움을 한다.[63] 첫째, 사용되는 무기가 다양하다. 개들은 서로 물고, 갈매기와 여러 어류도 그렇다. 혼자 사는 연어의 수컷은 싸움의 끝에 이르면 무서운 턱을 사용한다. 말과 다른 많은 발굽을 가진 동물들은 앞발로 서로 걷어차려고 한다. 사슴은 뿔로 서로 밀어서 상대와 힘을 겨룬다(그림 31). 쇠물닭(Waterhens)은 봄이면 공원에

서 싸우는 것을 볼 수 있다. 그들은
서로의 등에 거의 몸을 던져서 긴
발가락이 있는 발로 싸운다. 많은
어류들은 꼬리를 옆으로 맹렬히 쳐
서 상대에게 강하게 분출되는 물을
상대에게 보냄으로써 싸운다. 비록
서로 직접 접촉하는 것은 아니지

그림 32 | 물고기들의 꼬리 싸 (Tinbergen, 1951)

만 꼬리를 쳐서 물을 움직이게 되면, 상대방의 고도로 민감한 측선 기관 (Lateral Line Organs)에 강렬한 자극을 준다(그림 32). 납줄갱이의 수컷은 봄이면 머리에 있는 뿔처럼 단단한 혹을 발달시켜서, 머리로 상대방을 들이받으려 한다.

둘째, 주로 봄에 많은 싸움이 발생하지만, 실제 두 동물이 '치명적 싸움(Motral Combat)'을 해서 서로를 다치게 하는 일은 비교적 드물다.[103] 대부분의 싸움은 '허세를 부리거나(Bluff)' 위협하는 정도에 불과하다. 위협의 결과는 실제 싸움의 결과와 유사한 점이 많다. 그들은 서로를 쫓아버리기 때문에, 개체들에게 간격을 두게 한다. 1장에서 이미 위협 과시의 예를 제시했었다. 위협의 다양성은 거의 끝이 없을 정도이다. 박새 (Great Tits)는 서로 마주 보고, 머리

그림 33 | 유럽울새의 위협 과시 (Lack, 1943)

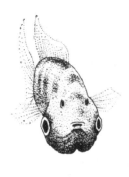

그림 34 | Cychasoma Meeki(왼쪽)와 Hemichromio Bimaculatus의 전방 위협 과시
(Tinbergen, 1951)

를 위로 뻗쳐서, 천천히 희고 검은 머리 모양을 과시하면서 옆으로 머리를 흔든다.[95] 유럽울새(Robins)는 상대편 쪽으로 돌아서서 천천히 교대로 오른쪽 왼쪽으로 몸을 틀어서 빨간색 가슴 털을 과시함으로써 위협한다 (그림 33). 몇몇 키클리드는 적과 마주 보고 아가미 뚜껑을 들어 올림으로써 과시한다. Cychlasoma Meeki와 Hemichromis Bimaculatus에게 아가미 뚜껑은 가장자리가 황금빛 고리 모양이며 대단히 눈에 띄는 검은 점들로 장식되어 있어서 위협 과시는 그들을 아름답게 보이게 한다(그림 34).

그러나 모든 위협이 시각적인 것은 아니다. 많은 포유류들은 그들이 적을 만난 곳이나 만날 것으로 예상되는 곳에 '냄새 신 호(Scent Signals)'를 해 놓는다.[29] 개들은 이 신호를 하기 위해 오줌을 눈다.

하이에나(Hyaenas), 담비(Martens), 알프스산양(Chamois), 여러 종류의

영양(Antelopes) 등 많은 종들은 특정한 분비선(Glands)에서 분비되는 물질을 땅, 숲, 나무 밑둥, 바위 등에 발라놓는다(그림 35).

불곰(Brown Bear)은 나무에 등을 비비면서 오줌을 눈다. 소리도 위협 기능을 가질 수 있다. 2장에서 언급된, 집단으로 부르는 '노래'는 암컷을 끌어들일 뿐 아니라 수컷을 쫓아내는 역할도 한다.

그림 35 | 눈앞 쪽에 있는 취선을 분비시켜 나무에 표시하는 수컷 영양 (Antelope Cervicapra) (Hediger, 1949)

# 02
## 번식 싸움의 기능

　번식 싸움은 늘 특별한 범주의 개체들에 의해 이루어진다. 대부분의 종에 있어서 싸우는 것은 수컷들이며, 그들은 전적으로 아니 주로 종 내의 다른 수컷들을 공격한다. 때때로 암수 모두 싸운다. 그때는 싸움이 이중으로 일어난다. 수컷은 수컷과 싸우고, 암컷은 암컷과 싸운다. 지느러미발도요와 몇몇 다른 새의 경우, 싸우는 것이 암컷이며, 그들은 주로 다른 암컷을 공격한다. 이런 모든 것은 싸움이 번식 경쟁자(Reproductive Rival)를 목표로 하고 있음을 보여 준다.

　나아가서 싸움과 위협은 두 적수나 경쟁자가 같은 장소에 정착하는 것을 막는 데 있다. 상호 적개심(Mutual Hostility)은 그들을 분리시켜, 그들이 이용할 공간을 확보하게 한다. 이런 확보된 공간에서 무엇이 본질적인 것인지 조사하는 것은, 우리가 싸움의 의미를 이해하는 데 도움을 줄 것이다.

　각 개체의 싸움은 대개 한정된 공간으로 제한된다.[33,94] 이것은 사슴이나 다른 동물들에게서와 같이 암컷의 둘레일 수도 있다. 유럽납줄갱이의

수컷들은 다른 수컷들에 대항하여
조개(Freshwater Mussel) 하나 둘레
의 지역을 방어한다(그림 36). 이 조
개로 수컷은 암컷을 이끌어 들인다.
그들은 암컷이 조개의 외투막 구멍
에 알을 낳도록 유도하는데, 거기서
새끼들은 기생 생활을 하면서 자라
게 된다. Necrophorus 속의 송장
벌레(Carrion Beetles)는 경쟁자로부
터 썩은 고기를 지킨다. 이런 모든

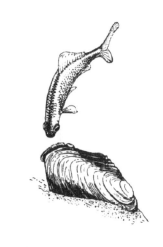

그림 36 | 조개와 수컷 유럽납줄갱이
(Boeseman et al., 1938)

경우의 방어는 그 중심 대상에만 관련되는 것이 아니라, 그것을 둘러싸고
있는 어떤 지역과도 관련을 가진다. 적수들은 상당한 거리를 유지한다.
이미 언급된 종의 경우 무엇이 중심 대상인지 알아보는 것은 쉬운 일이
다. 암컷이 움직일 때마다 수컷은 그와 함께 갈 것이다. 수컷은 항상 암컷
의 근처에서 싸운다. 조개가 움직이면 유럽납줄갱이의 수컷도 그를 따라

방어하던 지역을 옮긴다. 그러나 대
부분의 종에 있어서 방어 구역은 옮
겨지지 않는다. 수컷은 선택된 지점
에 정착해서 그 터를 방어한다. 이
것은 많은 동물들의 경우를 통해 알
려지게 되었다. 터 싸움(Territorial

그림 37 | 푸른머리되새 수컷들의 싸움

Fighting)과 위협은 어느 공원에서나 관찰될 수 있는데 몇 종만 언급하자면 유럽울새, 푸른머리되새(그림 37), 굴뚝새는 유명한 싸움꾼들이다. 싸움이 터의 어떤 특정한 부분에 집중될 때, 그런 터의 의미를 이해할 수도 있다. 구멍 번식 조류의 싸움은 침입자가 구멍 근처에 올 때 더 격렬해진다. 그러나 대부분의 종에 있어서, 터의 특정 부분에 대한 그런 집중은 없고, 이런 경우에는 터의 의미를 이해하는 것이 쉽지는 않다. 많은 명금류에 있어 터는 새끼들을 위한 먹이의 비축 장소로 유용하게 사용될 수 있다는 사실이 제시되었다. 이것은 어미새가 둥지 근처에 어떤 기본적인 양의 먹이를 모아 놓는 것을 가능하게 하고, 그것은 먹이를 찾아다니는 여행이 짧아질 수도 있음을 의미한다. 새로 부화된 명금류들을 따뜻하게 해주고 먹이를 먹으려고 입을 벌릴 준비를 하기 위해서는 터가 먹이 찾는 여행을 하는 데 도움이 될 수 있을 것이다. 따라서 한 번 알 품는 기간 사이의 간격도 되도록 짧아야 한다. 운이 나쁜 날에는, 포란 기간 사이의 간격이 길다는 것이 치명적인 것이 될 수도 있다. 그러나 이런 논쟁의 가치에 대해서는 의견이 분분하다.

갈매기, 제비갈매기, 댕기물떼새 같은 지상 번식 조류(Ground-Breeding Birds)에게는 서로 떨어져 있는 것이 포식자에게서 새끼들을 지키기 위한 방법의 일환으로 보인다. 알이나 새끼 같은 먹이들이 지나치게 집중되어 있으면 포식자가 그곳을 집중 공격하게 될 것이 분명하다. 이것은 왜 위장된 동물들이 보통 단서성인가 하는 주된 이유이기도 하다.[102] 새끼들을 위장시키는 갈매기와 같은 조류들의 터 싸움은 각 새끼들을 적당히 떨어져 있게 하는 효과가 있다. 여기서 다시 두 가지 이해관계 사이의 갈등이 타협되어야 한다. 둥지를 모으는 것도 어떤 이익이 있고(3장에서 보았듯이), 떨어져 있어도 이점이 있다. 갈매기와 제비갈매기의 여러 종들은 완전하지는 못하지만 두 방향 모두로부터 약간의 이익을 주는 타협점에 도달해 왔다.

결론적으로, 번식 싸움이 어떤 기능을 한다는 것은 분명하다. 그것은 개체들 사이의 간격을 유지하게 하고, 그들 각자에게 번식에 꼭 필요한 어떤 물체나 영토를 소유하는 것을 보장해 준다. 그리하여 번식 싸움은 많은 경우 비참하거나 적어도 비효율적인 결과를 불러일으키는 그러한 물체들의 공유를 방지해 준다. 조개 하나에 유럽납줄갱이의 알이 너무 많으면 각자에게 돌아오는 할당량이 낮아질 것이다. 수컷들이 각자의 암컷에게 알을 낳게 하는 대신 너무 많은 수컷이 암컷 하나와 짝을 지을 때는 정액의 낭비를 초래할 것이다. 구멍 하나에 찌르레기의 알이 두 무더기 있다면 둘 모두에게 치명적이 될 것이다. 간격을 유지하는 것이 개체들에게 유용한 기회를 활용할 수 있게 한다.

# 03
## 싸움의 원인들

다음의 의문들이 생긴다. 무엇이 동물들을, 이런 기능들을 증진시키기 위해서 싸우게 하는가? 무엇이 그들이 필요할 때, 필요한 장소에서만 싸우게 하는가? 동물들은 어떻게 만나는 수많은 다른 동물들 중에서 어떻게 그의 잠재적인 적수를 선택하는가? 싸움은 개체가 포식동물에게 공격받기 쉬운 상태로 만들기 때문에 개체를 위험에 처하게 한다. 또 무제한의 싸움은 그 동물이 다른 것을 할 수 있는 시간을 거의 남겨두지 않기 때문에 번식의 성공을 위태롭게 한다. 이런 이유들 때문에 동물이 어떤 기능을 수행할 수 있는 상황에서는 싸움을 제한하도록 하는 것이 필수적인 중요성을 가진다. 이런 문제들은 짝짓기와 관련하여 논의된 문제들과 다소 비슷하다. 터, 조개, 암컷 등을 실제로 방어하는 것으로 싸움을 한정시키기 위해서, 유럽납줄갱이는 이런 상황들에 명백하게 반응해야만 한다. 더욱이, 싸움은 경쟁자를 몰아낼 때만으로 한정되어야 한다. 마지막으로 경쟁 관계가 아닌 다른 종과의 소모적인 싸움이 되어서는 안 된다. 곧 알게되겠지만 이런 다양한 양상의 협동을 유발하는 많은 외적 자극은 경쟁자

110

에 의해 이루어지는 것이다. 또한 이런 자극의 대부분이 하나 이상의 기능을 수행하기 때문에 짝짓기에 관한 장에서와 마찬가지로, 싸움을 수행하는 기능에 따라 엄격하게 분류하지는 않을 것이다.

우리가 이미 알고 있는 것처럼 어떤 지역에 대한 제한은 싸움의 가장 뚜렷한 특징 중의 하나이다. 큰가시고기의 수컷이 봄에 다른 수컷을 만난다 해도 결코 항상 싸우는 것은 아니다. 싸움은 전적으로 어디냐에 좌우된다. 그 자신의 터에 있을 때 수컷은 지나가는 모든 적수를 공격한다. 그의 영토 밖에서 수컷은 '자기 영토'에 있었을 때 공격했던 바로 그 수컷으로부터 도망간다. 이것은 두 개의 터로 나눌 수 있을 만큼 충분히 큰 수족관에서 훌륭하게 증명할 수 있다. 수컷 A는 수컷 B가 A의 영토를 지나갈 때 그를 공격할 것이다. 수컷 B는 A가 그의 영토를 지나갈 때 그를 공격할 것이다. 대개 수컷들은 자발적으로 낯선 영토에 들어가지 않기 때문에, 수컷들을 잡아서 각각 넓은 유리관에 넣어서 상황을 쉽게 만들어 줄 수 있다. 두 유리관을 다같이 A의 터에 내려놓으면 A는 두 겹의 유리관 벽을 통해 B를 공격하려 할 것이고, B는 한사코 달아나려 할 것이다. 두 시험관을 B의 영토로 옮기면 상황은 완전히 반대로 된다(그림 38). 터가 어떻게 수컷을 싸우도록 자극하는지에 대한 세부적인 연구는 거의 이루어져 있지 않다. 터나 터의 부분을 실험적으로 움직여서 수컷이 변화된 환경에 따라 싸움을 조절하는지의 여부를 관찰할 수 있을 뿐이다. 물론 새들은 광대한 터를 가지고 있기 때문에 관찰이 어렵지만, 수족관의 작은 어류들은 연구하는 데 아주 적합하다. 몇몇 새들의 경우 암컷이 터 밖에 둥지를

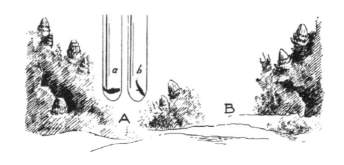

그림 38 | (a) 영토에 따른 공격 실험: 수컷 b는 영토 B의 주인이며 유리관에 담겨져서 수컷 a의 영토인 영토 A로 운반되었다. 수컷 a가 달아나려는 수컷 h를 공격한다.

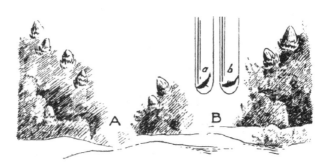

그림 38 | (b) 영토 B에 있는 같은 수컷들: 수컷 b는 달아나려는 수컷 a를 공격한다.

짓기 시작하면, 수컷이 그곳에 와서 자신의 영토로 표시를 하게 되고, 결과적으로 자기 영역을 넓히는 경우가 보고되어 왔다.

　터는 주로 그 동물들이 선천적으로 반응하는 고유성에 기초를 두고 선택된다는 것은 분명해 보인다. 이것은 동종의 모든 동물, 혹은 적어도 같은 개체군의 동물들이 같은 일반 형태의 서식처를 택하게 한다. 그러나 수컷을 그의 영토에 개별적으로 묶어두는 것은—그 종의 번식지 특수 전형—학습 과정의 결과이다. 큰가시고기의 수컷은 풍부한 식물이 있는 얕은 물속에 서식처를 택하도록 하는 일반적인 성향을 타고난다. 그러나 여기저기의 특정 식물이나 자갈에 반응하는 성향은 타고나지 않았다. 우리가 이런 경계표지들을 움직일 때면, 수컷은 그것들에 조건화되어 있기 때문에 그의 영토를 옮긴다. 이것은 수컷이 연달아 두세 번 새끼를 기를 때 그가 자주 새 영토로 옮겨가는 것에서 알 수 있는 사실이다. 이렇게 영토를 옮길 때마다 수컷은 스스로 경계표지를 중심으로 해서 정위하게 된다.

산란 구멍, 혹은 유럽납줄갱이가 반응하는 조개와 같은 특정한 것에 반응하는 종들은 거기에 선천적으로 반응하여 그 결과 그 물체로부터 나온 미미한 '신호 자극(Sign Stimuli)'에도 반응한다. 예를 들어 유럽납줄갱이는 조개에 의한 가장 미미한 범위의 시각적 자극에도 반응하며, 주 자극은 조개로부터 오는 수류이다. 유럽납줄갱이는 물의 움직임과 조개의 화학적 성분 모두에 반응한다(그림 39).

생득적인 것이든 조건화에 의해

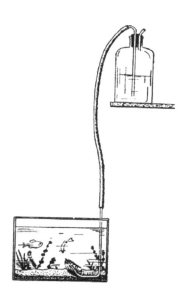

그림 39 | 유럽납줄갱이의 수컷은 살아 있는 조개들이 있었던 곳에서 수류가 올 때는 빈 조개껍질에도 가장 강하게 반응한다 (Boeseman et al., 1938).

첨가된 결과이든 터로부터의 자극은 그 동물이 싸움을 터로 제한하도록 한다. 공격에 대한 대강의 타이밍은 또한 외부 요인들에 의한 것이다. 짝 짓기에서 처음의 조잡한 타이밍은 성호르몬에 의한 것이었다. 북부 온대 지역의 많은 동물들의 경우 싸움은 생식선의 성장에 의한 결과로서, 그다 음에는 낮이 길어지는 것과 같은 주기적인 요인에 의한 뇌하수체를 통한 결과로 나타난다. 그러나 더 정확한 타이밍은 신호들에 대한 반응에 의해 서이다. 적수가 영토에 너무 가까이 오거나 방어해야 할 물체가 있을 때, 적수로부터의 신호들은 싸움을 유발한다. 이런 신호들은 늘 기묘한 이중 기능을 가진다. 이 신호가 낯선 물고기에 의해 과시되었을 때는 터 주인 인 공격자를 끌어들인다. 그러나 그 터의 주인인 공격자에 의해 과시되었 을 때는 그 신호가 낯선 고기를 겁먹게 한다. 모형을 이용하여 실험을 했 을 때, 터의 안쪽이든 바깥쪽이든 제시된 장소에 따라 두 반응을 유발할 수 있다. 두 경우 모두에서 신호들은 그 종이 간격을 유지하도록 하는 데 기여한다. 그 반응들은 다른 종의 위협 과시에 의해서가 아니라 이 과시 들에 의해 종마다 특유하게 해발되기 때문에, 적개심을 종 내로 한정시키 는 성향이 있다.

이 자극들은 여러 종들에서 모형을 이용한 실험을 통해 분석되었다. 큰가시고기의 수컷은 터를 지나가는 어느 물고기에 대해서도 적개심을 보이지만 특히 자기 종의 수컷에게 집중된다. 아랫부분이 붉게 칠해진 수 컷의 모형은 같은 반응을 유발한다. 밝은 푸른 눈과 빛나는 푸른 등이 모 형에 더 효율적으로 반응하도록 하지만, 형태나 크기는 거의 무제한으로까지 허용되며 중요시되지 않는다. 눈이 하나이고 담배 모양으로 생겼지만 아랫부분이 붉은 모형이, 형태는 꼭 담았지만 붉은색이 없거나 금방 죽었기 때문에 붉은색이 없는 진짜 큰가시고기보다 훨씬 더 강렬한 공격을 유발한다(그림 40).

크기 역시 거의 영향을 미치지 않는다. 필자는 모든 수컷들이 약 90m 밖에서 지나가고 있는 빨간색의 우편 배달차조차 공격하려 하는 것을 보았다. 그들은 등의 가시를 모두 세우고 그것에 도달하려고 맹렬하게 시도를 했지만 번번이 수족

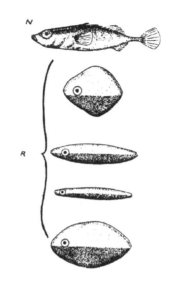

그림 40 | 큰가시고기의 수컷에게 싸움을 해발하기 위해 사용된 여러 모형들. 완전한 형태를 갖춘 은색 모형(N)은 공격을 덜 받았고, 아랫부분이 붉은 조잡한 모형들(R)이 오히려 강한 공격을 받았다(Tinbergen, 1951).

관의 유리벽에 의해 저지되곤 했다. 우편 배달차가 연구소를 지나갈 때, 20개의 수족관이 커다란 창문을 따라 줄지어 있는 곳에서는 모든 수컷이 수족관의 창 쪽으로 돌진해 가서는 그 차를 따라 수족관의 한쪽에서 다른 쪽으로 움직이는 것이다. 큰가시고기의 세 배 크기의 모형은 너무 가까이 다가가지 않는 한 비슷한 공격을 유발하지만, 터로 가져갔을 때 실제의 공격은 없었다. 이것은 대상 물체에 의해 이루어진 각도가 중요한 듯하다. 그래서 멀리 있던 우편 배달차가 공격당한 것임에 틀림없다.

그림 41 | 큰가시고기의 위협 자세
(Tinbergen 이후. 1951)

색깔과는 별도로 행동도 공격을 유발한다. 큰가시고기의 수컷은 멀리서 이웃을 보면, 기묘하게 몸을 수직으로 하고 머리를 아래로 한 위협 자세를 취한다(그림 41). 옆 또는 아랫부분조차 상대편 쪽으로 돌리고, 하나 또는 양쪽의 배에 있는 가시를 곧추세운다. 이 자세는 다른 수컷들을 화나게 하는 결과를 가져온다. 우리가 이런 자세를 취한 모형을 넣었을 때는 수컷의 공격을 더 강하게 할 수 있다.

유럽울새에서도 비슷한 관찰을 할 수 있다. 유럽울새의 수컷이 일단 터를 표시해 놓으면, 이 터에서 다른 울새의 모습을 보면 공격하거나 위협한다. 랙(Lack)은 붉은 가슴이 다른 무엇보다 더 강한 해발 요인임을 보여 주었다.[47] 그가 박제된 울새를 점령된 터에 두었을 때 그 터 주인은 위협 자세를 취했다. 붉은 깃털이 아무리 소량 있어도 위협 자세를 취하기에는 충분했다(그림 42). 형태는 완전하지만 은색을 띤 모형보다, 조잡하지만 붉은색이 있는 모형이 큰가시고기에게 더 효과적이었던 것과 마찬가지로, 울새에게도 전체를 다 박제로 만들어 그 종의 깃털을 다 가지고 있지만 아직 성숙하지 못해서 빨간 가슴대신 갈색 가슴을 갖고 있는 울새보다, 약간의 붉은 깃털을 가진 울새에 더 큰 의미를 가지는 것이다. 큰가시고기에게 빨간 가슴과 울새에서의 빨간 가슴은 놀랄 만큼 비슷한 기능을 한다.

우리는 서로 비교할 만한 신호 체계(Signaling System)가 다른 집단의 동물들에게서도 마찬가지로 집중 수렴 발전되어 온 것을 알아보려 한다.

울새에게 신호는 전적으로 시각적인 것은 아니다. 울새는 서로 볼 수 있는 거리보다 훨씬 먼 곳에서 서로의 소리를 들을 수 있다. 특히 울새의 노래는 터의 주인을 자극하여 노래

그림 42 | 유럽울새에게 싸움을 해발시키는 자극에 관한 실험: 갈색 가슴털을 가진 박제된 미성숙한 유럽울새(왼쪽)는 그냥 붉은 깃털 뭉치(오른쪽)보다 덜 공격받는다 (Lack, 1943).

하는 새를 찾게 한다. 그러므로 실제 공격은 최소한 두 단계에 걸쳐 발생한다. 수컷이 먼저 다른 수컷의 노래를 들었던 방향으로 날아간다. 그다음 주변을 둘러보고 침입자의 붉은 가슴에 자극받아 위협 자세를 취하거나 공격한다.

많은 다른 종의 경우에도 노래는 같은 기능을 한다. 노래는 '남성의 상징(Badge of Masculinity)'이며, 터 주인들에게 싸움을 유발한다. 이미 앞서 말했듯이 그러한 남성의 상징은 자신의 영토에서 불렸을 때는 침입자를 몰아낸다. 노래하는 수컷이 나무나 관목에 가려져서 보이지 않는 경우가 많지만, 이것은 실험하지 않고도 야외에서 쉽게 관찰할 수 있다. 그렇게 숨어서 노래하는 새에 대한 다른 새의 강렬한 반응을 지켜보는 것은 멋진 일이다. 지나가던 새는 사악한 양심의 전형이며, 터 주인은 정의로운 분노의 상징이 되는 것이다.

그림 43 | 미국 딱따구리의 암컷(왼쪽)과 수컷(오른쪽)(Noble, 1936)

재갈매기는 암수가 모두 같은 색을 띠고 있지만 공격성은 주로 수컷들에게서 발견되고, 그 공격성은 다른 수컷들을 대상으로 일어난다. 그러나 수컷은 노래도 하지 않으며 다른 수컷들을 자극하는 어떤 소리도 내지 않는다. 더구나 수컷들은 다른 수컷들에게 싸움을 유발할 만한 눈에 띄게 채색된 부분도 없다. 그러나 그들의 행동이 그런 역할을 한다. 위협 자세와 둥지를 짓는 동작이 다른 수컷의 주의를 끌고 적개심 어린 반응을 이끌어 낸다.

수컷의 밝은 빛깔이 그들의 상징으로 작용하는 큰가시고기와 비슷한 경우가 또 있다. 미국 딱따구리(American Flicker, Colaptes Auratus)의 경우 수컷은 입가에 일명 콧수염이라 불리는 검은 반점이 있고, 암컷은 없다(그림 43). 한 쌍 가운데 암컷을 잡아다가 인위적으로 검은 콧수염을 그려 넣으면 그 암컷은 바로 자신의 짝에게 공격당하게 된다. 다시 잡아서 콧수염을 지워주면, 암컷은 다시 받아들여진다.[67]

사랑새(Shell Parra keets, Melopsittacus un dulatus)의 수컷은 부리의 납막(蠟膜, Cere)의 색깔에 의해 암컷과 구별되는데, 수컷은 푸른색이고 암컷은 갈색이다(그림 44). 납막을 푸르게 칠한 암컷은 수컷들에게 공격받는다.[12]

가장 뚜렷한 유사성은 두족류(Cephalopods)처럼 암수가 다른 집단에서 발견된다. 수컷 오징어(Common Cuttlefish, Sepia Officinalis)는 번식기에 빛나는 시각적 과시를 한다. 다른 오징어를 만나면, 팔의 넓은 면을 보이면서 그들은 색소체(Chromatophores)의 연합 작용으로 어두운 자주색과 흰색으로 된 뚜렷하게 눈에 띄는 형태를 만든다(그림 45). 수컷끼리의 싸움은 이런 수컷의 과시에 대한 반응이다. 석고 모형들을 이용한 실험들은 과시가 시각적으로 작용하는 것을 보여 주었다. 즉 공격을 유발하는 데는 형태와 색깔이 모두 작용한다.[91]

도마뱀(Lizard)도 오징어와 비슷하게 행동한다.[38,42,66,68] 수컷들은 특정한 수컷의 빛깔을 과시하기 위한 특이한 행동을 한다. 가시도마뱀(American Fence Lizard, Sceloporus Undulatus)은 등에 보호색을 가지고 있다. 그러나 수컷의 아랫부분은 뚜렷한 푸른색이다. 그 색깔은 봄에 다른 가시도마뱀을 만나서 수컷이 과시를 할 때까지는 보이지 않는다. 그

그림 44 | 사랑새의 머리 (Tinbergen, 1951)

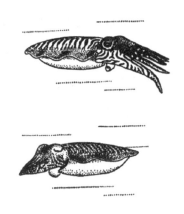

그림 45 | 위: 과시하고 있는 수컷 오징어, 아래: 쉬고 있는 수컷 오징어(L. Tinbergen, 1939)

러나 다른 도마뱀의 앞에서 90° 각도의 측면으로 몸을 누르도록 하는 자세를 취하면 아래의 푸른색이 보이게 된다(그림 46). 노블은 라카로 암수의 색깔을 바꾸었을 때, 푸른 배가 터의 주인인 수컷들에게 싸움을 유발한다는 것을 보여 주었다.[66,68]

지금까지 필자는 주로 타이밍에 관한 자극으로 인해 벌어지는 싸움의 예들을 검토했다. 대부분의 경우 그들은 동시에 싸움을 한다. 그러나 짝짓기 행동과 마찬가지로, 두 기능 중 한 가지에만 기여하고 다른 한 가지에는 기여하지 않는 자극이 있기 때문에 두 기능을 구분해야만 한다. 예를 들어 오리의 경우, 암컷들은 특이한 동작과 소리로 자기 배우자(수컷)에게 다른 수컷들을 공격하도록 다그친다. 소리로 수컷의 공격성을 불러일으킬 뿐만 아니라, 특이한 머리 동작으로 암컷은 배우자에게 공격해야 할 수컷을 지적한다.[56] 이것은 공원에서 길들여진 혹은 반쯤 길이든 청둥오리(Mallards)에게서 쉽게 볼 수 있다. 암컷은 '접근하는' 수컷으로부터 자기 배우자를 향해 헤엄쳐 와서 계속 고개를 어깨너머 옆쪽으로 돌려서 낯선 청둥오리의 방향을 지적한다.

번식 격리와 관련된 세 번째 문제는 동종의 구성원들로 싸움을 한정시켰던 문제로, 주어진 예만으로 해결되었다. 또한 짝짓기 행동에서 작용

120

그림 46 | 과시하고 있는 가시도마뱀의 수컷(Noble, 1934)

하는 신호나 싸움을 일으키는 신호도 종 특이적인 것으로 같은 서식지에 사는 근연종일지라도 대단히 다른 것이다. 그러나 아직 종간 싸움은 종간 짝짓기만큼 진화 과정에서 엄격하게 배제되지 않았다는 인상을 받게 될 것이다. 지금까지의 증거로 보아, 종간 싸움이 아주 드물게 발생했지만 그것마저도 공격하는 동물의 종을 피상적으로 닮은 경우에 발생했다. 낯선 종이, 우연히 보통 공격을 유발하던 신호 자극의 일부를 제시하게 되어 '잘못된' 공격이 일어나는 것이다. 그러나 어떤 경우는 싸움이 분명히 다른 종들을 목적하는 경우도 있는데, 이것은 그들이 같은 '필수불가결한 대상(Indispensable Object)'을 추구하는 경쟁자들이기 때문이다. 그래서 찌르레기와 나무참새(Tree Sparrows)는 둥지 구멍으로부터 다른 종을 쫓아내는 것으로 알려져 있다.

# 04
## 쪼는 순위
························

집단을 이루고 사는 동물들은 때때로 암컷이나 영토 외의 다른 문제로 싸울 수도 있다. 개체들은 먹이나 좋아하는 횟대 또는 다른 이유들로 충돌하게 된다. 그런 경우 학습을 통해 싸움의 양을 줄인다. 각 개체들은 즐겁거나 쓰라린 경험을 통해서 그의 동료들 중 더 강한 자는 피해야 하고 더 약한 자는 위협할 수도 있다는 것을 배운다. 이런 식으로 '쪼는 순위(Peck-Order)'가 생기고 각 개체들은 집단 내에서의 자기 위치를 안다. 한 개체가 전체 군주(Tyrant)가 되어 나머지 모두를 지배한다. 개체들은 군주에게만 지배를 받을 뿐이다. 순위가 세 번째이면 위의 둘을 제외한 나머지 모두를 지배한다. 이것은 여러 조류, 포유류, 어류에서 발견할 수 있다. 이것은 닭우리에서도 쉽게 관찰할 수 있다.

쪼는 순위는 실제 싸움의 양을 감소시키는 역할을 한다. 그보다 '상급자들(Superiors)'을 피해야 한다는 것을 빨리 배우지 못한 개체들은 더 많이 얻어맞는다는 것과 싸우는 동안 쉽게 포식자의 먹이가 된다는 면에서 불이익이다.

쪼는 순위를 이끌어가는 행동에서 몇 가지 흥미로운 면을 발견할 수 있다. 로렌츠는 갈까마귀에게서 다음과 같은 사실을 발견했다. 낮은 '계층(Rank)'에 있는 암컷이 높은 계층의 수컷과 짝을 맺게 되면, 그 암컷은 즉시 수컷과 같은 계층으로 올라가고, 수컷보다 낮은 계층의 모든 개체는 전에는 그 암컷보다 높은 계층이었다 해도, 그 암컷을 피하게 된다.

미국의 문헌들은 쪼는 순위의 문제 해결에 많은 가치 있는 공헌을 했다.[1,2] 그러나 이런 논문들 중에서 많은 부분이 쪼는 순위가 사회 조직의 유일한 원리인 것처럼 주장하고 있다. 이것이 곡해된 견해로 이끌었다. 쪼는 순위 관계는 존재하는 수많은 사회관계의 형태들 중 한 범주를 형성할 뿐이다.

5장

⋮

# 사회 협동의 분석

# 01
## 개요

앞장에서 사회 협동이 다양한 목적에 기여한다는 것을 보여 주려 했다. 짝짓기 행동은 교미 동작뿐만 아니라, 그 이전에 긴 준비 단계가 있어야 한다. 이런 준비 단계, 즉 구애는 매우 뚜렷한 기능들을 가지고 있다. 이것은 두 상대방을 함께 모이도록 하는 데 필요하다. 그들의 행동은 동조되는 것이어야 한다. 신체적 접촉에 대한 망설임도 극복되어야 한다. 그리고 종간의 짝짓기는 금지되어야만 한다. 암컷은 수컷의 공격성을 달래야만 한다. 우리는 한 개체가 다른 개체의 행동에 영향을 줄 수 있는 신호 체계에 의해 모든 기능이 이루어지는 것을 보았다. 가족생활에서 어미들은 교대로 알이나 새끼들을 보호하기 위해서 협동해야 한다. 어미는 새끼들을 먹여야 하고, 포식자가 오면 경고해야 하며 상호 신호를 포함하는 밀접한 협동도 필요하다. 가족생활의 몇몇 관계는 집단생활로까지 확대되고, 여기서 다시 한번 협동이 신호를 기초로 한다는 것을 발견했다. 마지막으로 싸움, 특히 빈식 싸움이 개체들에게는 해로운 면이 있을지라도 서로 간격을 유지하는 효과가 있고, 오히려 해가 되는 지나친 밀집 상태를 막아주는 경향이 있기 때문에, 종에 있어서는 대단히 유용한 것이라고 주장했다. 실질적인 싸움이 간격 유지를 가져오는 효과뿐만 아니라 피해를 입힐 수 있기 때문에, 위협 효과가 발휘되는 동안 피해를 최소화할 수 있는 신호 체계가 종의 이익을 가져온다. 위협 과시는 두 가지 방법으로 싸움을 줄인다. 만일 어떤(터, 암컷 혹은 구멍 등) 주인이 위협 자세를 취한다면, 그는 상대방을 겁에 질리게 한다. 만약 침입자가 위협 자세를 취한다면, 침입자가 공격할 의사가 없음을 나타내어 주인은 이 무해한 침입자를 그냥 내버려둘 수 있게 되는 것이다. 또한 이런 기능들은 신호에 의해 나타난다.

신호 체계에 대해서는 많은 경우가 연구되었다.99 더 많은 연구가 이루어져야겠지만, 몇몇 일반적인 결론을 내릴 수 있다.

우리는 어미 재갈매기가 새끼들에게 게운 것을 먹이는 것과 먹이를 부리 끝 사이에 두어서 새끼들에게 주는 것을 보았다. 어린 갈매기들은 처음에는 어미의 '고양이 울음소리'에 자극받지만 부리에 있는 먹이를 삼키게 될 때까지는 분명한 시각적 자극에 의해 부리 끝을 쪼게 된다. 여러 가지 청각적이고 시각적인 신호가 어미에 의해서 주어지고 새끼들에 의해 반응한다. 그런 신호 체계를 논의하기 위하여 필자는 자극을 주는 개체를 행위자(Actor), 자극에 반응하는 개체를 반응자(Reactor)라고 부를 것이다.

# 02
## 행위자의 행동

문제의 핵심은 다음과 같다. 무엇이 행위자에게 신호를 보내도록 자극하는가? 무엇이 어미 새가 새끼들을 불러서 먹이를 주도록 하는가? 우리 자신의 행동으로 판단해 볼 때, 우리는 행위자가 특별한 목적을 가지고 있으며, 그 목적을 달성하기 위해 행동한다고 생각하는 경향이 있다. 그러한 많은 '예견(Foresight)'—몇몇 설명할 수 없는 방법으로 그러한 광범위한 예견에 의해 우리 자신의 행동을 제어하게 되지만—이 동물들의 행동을 통제하지는 않음을 지적하는 확실한 증거가 있다. 만약 이러한 예견이 있다고 한다면, 그리고 그러한 목적을 위한 통찰이 행동에 의해 이루어진다면, 우리는 동물들의 행동이 목적을 이루지 못하며 그런데도 동물들이 그것을 개선하기 위해 아무것도 하지 않는 수많은 경우를 설명 할 수 없을 것이다. 예를 들어, 만일 경계음이 다른 개체들에게 경고하기 위한 의도로 행해진다면, 왜 새들이 경고해야 할 다른 새가 있든지 없든지 간에 꼭 같은 강도로 경계음을 내는지를 이해할 수 없을 것이다. 만약 어미 새들이 그들의 새끼를 부화시키고 먹이를 먹이는 기능에 대한 식견을 가지고 움직인다면, 명금류들은 뻐꾸기 새끼가 그들의 눈앞에서 자신의 새끼들을 둥지 밖으로 밀어서 죽게 하도록 내버려 두지 않았어야 할 것이다. 그러한 행동은 수많은 유사한 예들이 있고, 이 행동들은 내적, 외적 자극에 대해 비교적 엄격하고 즉각적인 반응에 기인하는 것으로 나타낼 수 있다. 어미 명금류는 새끼들이 먹이를 달라고 조르지 않으면 먹일 수 없다. 알들이 둥지 속에 있지 않으면 부화시킬 수도 없다. 반면에, 어미 새는 포식자가 다가오는 것을 깨달았을 때 경고를 받아야 할 다른 새가 있든지 없든지 간에 경계음을 내야만 한다.

재갈매기를 살펴보면, 모든 증거로부터 어미는 둥지 자리와 새끼들 자체로부터의 자극과 내적 충동에 엄격하게 반응한다는 결론을 얻게 되는 것이다. 그런 행동의 엄격성은 죽은 새끼에 대한 어미 새의 반응에서 명백히 알 수 있다. 필자는 몇 번인가 이웃 갈매기에 의해 새끼가 살해되는 것을 보았다. 새끼의 부모는 새끼가 살아 있는 한 맹렬히 방어하지만, 새끼가 죽자마자 게걸스럽게 먹어치운다. 그들은 더 이상 새끼들의 소리나 동작을 듣지 못하므로, 죽은 새끼는 자식으로서의 의미를 잃고 단지 먹이가 되기에 충분한 것이다.

이 결론이 일반화될 수 있다는 것은 의심할 여지가 없는 것이다. 아마 가장 고등한 포유류를 제외하고는 모든 신호 행동은 내적, 외적 자극에 대한 즉각적인 반응이다. 이런 점에서 동물과 사람 사이에는 커다란 차이가 있다. 동물들의 신호 행동은 인간의 아기가 우는 것, 또는 모든 연령층의 인간들의 무의식적인 분노나 공포의 표현에 비교될 수 있다. 우리는 그러한 인간의 '감정 언어(Emotional Language)'는 의식적인 언어와 다르다는 것을 알고 있다. 동물들의 '언어'는 우리의 '감정 언어'의 수준에 있는 것이다.

나아가서, 아마 여기에서 논의된 모든 경우에 있어 신호 행동은 생득적인 것이다. 이는 서로의 행동을 보고 모방할 기회를 주지 않기 위해, 그 종의 다른 구성원들로부터 격리해서 키운 수많은 동물들의 경우에서 증명되었다. 사실상, 진정한 의미에서의 모방은 동물들에게는 매우 드문 일이라고 알려져 있다. 그러나 그렇게 격리되어 키워진 동물들이 둥지를 짓거나 경쟁자와 싸우거나 혹은 그들 생애에 처음 보는 암컷에게 구애를 하거나 하는 복잡한 행동 패턴들을 행하는 것을 보면 항상 놀라움을 금치 못한다. 예를 들어, 필자는 큰가시고기 알 하나를 격리해 길러 왔는데, 성적 성숙에 이르자 완전한 싸움 행동과 구애 행위의 완벽한 연결 동작을 수행하는 것을 보았다. 그런데 이것은 암수가 모두 마찬가지였다. 이런 점에서도 역시, 동물 '언어'는 인간의 언어와 다르다고 할 수 있다.

몇몇 경우에서 우리는 행위자의 특이한 행동 유형을 유발하는 원인들에 대해 약간 알고 있다. 관찰자들은 모든 유형의 '과시', 구애나 위협, 혹은 다른 유형의 신호들이 이렇게 기묘한 행동들로 구성되어 있다는 것에 놀라게 된다. 이미 오래전에 하나의 일반적인 원리가 세워졌다. 그것은 몸에서 눈에 띄게 채색된 부분들을 과시할 때마다 그들은 항상 뚜렷하게 보이도록 했다는 것이다. 몸의 부분들이 화려하게 재색될 때나, 만일 그 부분이 볏이라면 세우고, 날개나 꼬리라면 들어 올리고, 부리라면 넓게 벌렸던 것이다. 그러한 눈에 띄는 부분의 넓은 면을 항상 반응자에게로 향하는 것이다. 많은 새들은 아름답게 채색된 꽁지깃을 암컷에게 과시한다. 목둘레 깃, 날개, 혹은 꼬리는 앞으로 혹은 옆으로 과시된다. 물고기들은 앞쪽으로 위협할 때는 아가미 뚜껑을 열고, 옆쪽으로 과시할 때는 지느러미를 모두 들어 올린다. 그래서 동작과 구조는 최대한의 시각적 효과를 얻도록 함께 작용한다.

여러 경우에 과시가 외적 내지는 내적 상황에 반응한 것이라는 것 외에, 왜 그런 형태로 과시하는지에 대해서도 알려져 있다. 이것은 위협과 구애에서 잘 알려져 있다.

위협을 하게 하는 배경을 분석해 보면, 행위자에게 두 가지 충돌이 동시에 활성화되어 일어난다는 것을 알 수 있다. 즉 공격하려는 충동과 도망치려는 충동이다. 터 충돌(Territorial, Conflict)에서 이것이 어떻게 일어날 수 있는지 쉽게 이해할 수 있다. 터의 침입자가 공격을 유발하기 때문에 터 바깥이 도피를 유도해 낼 때, 터의 경계에서 침입자를 만난 터 주인은 공격과 도피욕을 동시에 자극받는다. 이것은 '긴장(Tension)' 혹은 두 가지 상반되는 충동의 강한 활성화를 가져와서, 이런 상황에서는 소위 '전이 행동(Displacement Activities)'이 상반되는 충동들이 배출구를 찾는 과정에서 나타나게 된다.[97,104] 큰가시고기의 위협 자세는 그러한 전이 행동이다. 두 마리의 수컷이 대단히 강렬한 싸움에 참가하게 되면, 머리를 아래쪽으로 하는 그들의 기묘한 위협 자세는 완전히 모래를 파는(Sand-Digging) 자세, 즉 둥지를 짓는 첫 번째 단계로 발전되어 간다. 공격과 도피의 상반되는 충동은, 그들의 운동 신경 패턴이 상반되어 함께 일어날 수 없으므로, 이 동작을 통한 배출구를 찾아내는 것이다. 다른 종들도 경계 충돌을 일으키는 동안 비슷하게 행동하지만 사용되는 전이 동작들은 종에 따라 다르다(그림 47). 그래서 찌르레기와 두루미(Crane)는 그들의 깃털을 부리로 다듬고, 박새는 먹이를 먹는 동작을 하고 많은 섭금류들은 잠자는 자세까지 취한다.

다시 큰가시고기로 돌아와서 위협 자세는 단지 전이된 모래파기뿐만이 아니다. 대개 그들은 상대에게 넓은 측면을 보이면서 하나 또는 두 개의 배가시를 세운다. 이것은 활성화된 충동의 행동 유형의 일부분이며, 그들은 적에 대한 방어의 요소들이다. 어떤 큰가시고기라도 다른 큰가시고기나 강꼬치고기 같은 포식자에 의해 궁지에 몰렸을 때는 그와 같이 행동할 것이다. 또한 공격 충동은 위협 행동으로 표현된다. 위협하고 있는 수컷들은 실제로 둥지 자리를 준비할 때 모래를 파는 것보다 더 격렬하게 모래를 덥석 물을 것이다. 이런 덥석 무는 행위는 상대에게 실제 공격을 연상시킨다. 그래서 그들은 '감히 도전해 오는' 상대방에게 하듯이 모래(모래 파기의 대상물)를 가지고 하는 것이다.

유사한 위협 동작은 재갈매기에서도 발견된다. 1장에서 필자는 싸우는 갈매기들이 어떻게 풀이나 이끼를 땅에서 뜯어내는가를 묘사했다. 이것은 둥지 재료를 모으는 전이 동작이며 하나의 위협으로 작용한다. 이것은 진짜 둥지 재료를 모으는 것과는 다르다. 위협 동작을 하는 갈매기들은 그들이 둥지를 만들기 위해 지푸라기들을 주우러 다닐 때 하는 것보다

그림 47 | 위협 기능을 하는 여러 전이 행동. 위 왼쪽: 싸우고 있는 재갈매기의 '풀 뽑기'(둥지 짓기의 전이 행동)(Tinbergen, 1951), 위 오른쪽: 뒷부리장다리물떼새의 전이 수면(Makkink, 1936), 아래 왼쪽: 싸우고 있는 검은머리물떼새의 전이 수면(Tinbergen, 1951), 아래 오른쪽: 싸우는 가금닭의 전이 먹이 동작(Tinbergen, 1951)

훨씬 격렬하게 땅을 쫀다. 또한 그들은 풀 다발이나 그와 비슷하게 생긴 단단히 붙어 있는 뿌리를 골라 온힘을 다해 모두 뽑는다. 마치 이것은 싸움할 때, 상대방과 정면 대결할 때 하는 것과 같이 행동한다.

그러한 전이 행동은 긴장도가 대단히 높을 때만 나타난다. 좀 더 갈등이 완화된 형태에서 위협 행동은 주로 기본적인 두 충동의 행동 패턴들이 부분적으로 결합된 형태를 취한다. 큰가시고기는 앞뒤로 돌진하면서 번갈아 부드럽게 공격했다가 물러나곤 한다. 재갈매기는 두 가지 충동의 요소들을 결합하여 하나의 자세를 취한다. 목을 길게 뻗고, 부리를 아래쪽으로 하고, 날개를 드는 것은 싸움 동작의 부분이다. 이것은 상대를 쪼면서 날개로 치기 위한 준비 동작이다. 적이 다가오면 후퇴에 대한 표시로 목을 더 움츠리게 된다. 그러므로 이 '수직 위협 자세'는 초기의 후퇴로 좀 약화된 초기의 공격이다.

구애 동작도 역시 긴장 상황에서 발생한다. 그러나 기본 충동은 다른 것이다. 여기에는 성 충동이 항상 포함되어 있다. 그러나 그것은 여러 조건에 의해 좌절될 수도 있다. 우리는 성 행동에 있어 협동이 흔히 상호 신호에 의한 것임을 알고 있다. 그러나 동물들이 상대편의 신호를 기다릴 때마다, 또 이런 신호가 몇몇 이유에서 곧 나타나지 않으면, 해발 신호에 의존하는 연결된 다음 반응은 생겨나지 않을 수도 있다.

이런 상황으로 동물들은 강하게 자극되나 이 동물들에게 좌절된 성 충동을 남겨둔다. 그 결과 전이 행동이 나타난다. 큰 가시고기의 수컷이 암컷에게 둥지 입구를 가리키는 동작은 그러한 전이 행동이 되기도 한다. 그 동작은 암컷이 둥지로 들어가는 것을 수컷이 기다리고 있는 한 계속될 것이다. 암컷의 산란을 해발시키기 위해 떠는 것도 일종의 전이 행동이다. 떠는 행동은 암컷이 알을 낳아서, 수컷이 혼자 정액을 방출시킬 수 있을 때를 기다리는 동안 행해진다. 이 두 전이 행동은 모두 부채질 전이 동작(Displacement-Fanning)이다. 진정한 부채질은 수컷이 물의 조류를 둥지로 보내서 통풍을 시키는 동작으로 이것은 새끼 돌보기 행동 유형의 일부분이다.

큰가시고기 수컷의 지그재그 춤은 다른 상황에서 기인할 수 있다. 이것은 암컷이 수컷에게서 두 가지 다른 충동을 활성화한다는 사실에 기인한다. 암컷은 수컷을 공격하도록 자극하고, 동시에 순수하게 성적 충동에 의해서 암컷을 둥지로 이끌어 가도록 자극한다. '지그(Zig)' 동작은 처음의 이끄는 동작을 가리키는 것일 수도 있고, '재그(Zag)' 동작은 처음의 공격을 가리키는 것일 수도 있다.[106] 그러므로 지그재그 춤은 공격 충동과 성 충동을 활성화시킨 데서 기인하는 두 가지 불완전한 동작의 결합이다.

이런 예들은 적어도 몇몇 과시 행동이 다른 패턴으로부터 유래된 동작들로 구성된다는 것을 나타낸다. 그것들은 기본적인 충동들의 요소가 결합한 것이거나, 혹은 전적으로 그 행동 패턴이 다른 부분에서 유래된 전이 행동들이다. 비록 이런 분석들이 일부 종에서만 행해진 것이기는 하지만 대부분의 신호 동작들이 사실상 그러한 파생된 동작들이라고 믿는 것도 이치에 닿는 일이다. 이런 이유로 앞으로 8장에서 논의할 그러한 파생된 동작은 한 번에 보고 알 수는 없는 일이다. 종종 상세한 비교 연구가 필요하다.

# 03
## 반응자의 행동
·····················

사진 6 | 새끼에게 먹이를 먹이는 재갈매기

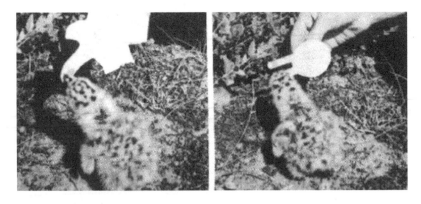

사진 6 | 머리 모형을 이용한 두 가지 실험. 왼쪽: 비정상적인 형태의 머리, 오른쪽: 한 머리에 두 개의 부리가 달려 있다. 새끼는 두 부리의 가장 아래쪽을 쫀다.

이제 반응자의 행동으로 넘어가보자. 우리는 이것 역시 생득적인 것임을 발견한다. 재갈매기의 새끼는 배우지 않고도 처음부터 어미의 부리 끝을 쪼아대는 반응을 한다. 큰가시고기의 수컷을 격리시켜 키워도 다른 수컷들에게 싸움으로 반응을 하고, 암컷에게 구애를 한다. 그 수컷은 이것을 배울 기회가 없었다. 말을 바꾸면 이 운동 패턴을 실행하는 능력이 생득적인 것일 뿐만 아니라, 특이하게 해발되고 관련 자극에 대한 감수성도 생득적이라는 것이다.

신호에 대한 반응도 많은 경우 특이한 연구 목적이 되었다. 몇몇 결과는 이미 앞장에서 기술했다. 우리는 이제 정확하게 어떤 자극에 재갈매기의 새끼들이 반응하는지를 알기 때문에, 재갈매기 새끼들의 먹이 조르는 반응에 대해 좀 더 정확히 생각해 보고자 한다.[111]

새로 태어난, 경험이 없는 새끼에게 나무로 어미의 머리 모양을 만들어 제시했을 때도 먹이를 구걸하는 반응을 유발하는 것이 가능하다(사진 6). 재갈매기 성체의 부리 끝에는 빨간색 반점이 있어서 부리 자체의 노란색과 현저하게 대조된다. 모형에 이 빨간 반점이 없을 때

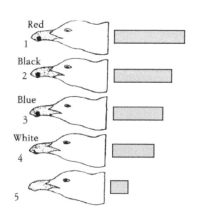

**그림 48** | 여러 색깔의 부리 반점을 가지거나 (1~4) 또 반점 없는(5) 재갈매기의 머리 모형. 오른쪽의 막대는 모형에 의해 해발된 먹이 조르는 반응의 빈도를 나타낸다(Tinbergen and Perdeck, 1950).

는 빨간 반점이 있는 모형에서보다 훨씬 덜 격렬하게 반응을 보일 것이다 (그림 48).

이 두 모형을 수많은 새끼들에게 교대로 제시했을 때, 빨간 반점이 없는 모형에 대한 반응의 평균 숫자는 빨간 반점이 있는 것의 1/4에 불과했다. 모형에 반점은 있지만 빨간색과 다른 색깔일 때 반응의 수는 중간 정도였다. 이것은 조각의 색과 부리의 색깔 사이의 대조 정도에 달려 있었다. 같은 방법으로, 즉 여러 모형에 대한 새끼의 반응들을 비교했을 때 부리의 노란색에 대한 영향력을 연구할 수도 있다. 놀랍게도, 모형의 부리 색깔은 빨간색이 다른 색에 비해 두 배 정도의 많은 반응을 유발시킨 것을 제외하고는 거의 별다른 차이를 보이지 않았다(그림 49). 본래의 노란색 부리는 오히려 흰색, 검정색, 초록색, 푸른색 부리보다 더 적은 반응을 유발했다. 머리의 색깔에 대해서는 아무 차이가 없었다. 보통 흰색 머리가 검정, 초록색 머리보다 더 많은 반응을 유발하리라 생각하지만 그렇지 않다. 머리의 형태에 대해서도 반응의 차이가 없었다. 머리가 없고 부리만 있는 것에도 그렇게 차이나게 반응하지 않았다. 그러나 새끼들은 때때로 부리의 바닥을 심지어 어미 새의 붉은 눈꺼풀까지 쪼기 때문에 머리를 잘 알고 있다. 새끼들이 배가 고플 때는, 붉은 끝이 있는 어미 새의 부리만이 유일하게 중요한 것이다. 덧붙여, 부리는 가늘고 길어야 하며, 아래쪽을 향하고, 가능한 한 새끼 근처에 있어야 하며, 가능하면 낮아야 한다. 이것이 모두 지극이 되고, 그 밖의 모든 것은 새끼와 관련이 없다. 어미새의 행동이나 빛깔이 얼마나 이에 잘 맞추어지는지, 소위 모든 새끼들의 기대를 충족시키는지는 주목할 만한 일이다. 어미새는 부리를 거의 수직으로, 끝에 붉은 반점이 있는 부리 끝을 아래로 향하고서는 새끼에게 걸어온다. 어미새의 특징과 새끼가 반응하는 자극 사이의 이 밀접한 일치함은 새끼들이 어미가 어떻게 생겼는지, 어떻게 행동하는지도 알지 못한다는

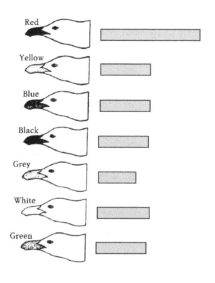

그림 49 | 여러 색깔의 부리가 있는 재갈매기의 머리 모형들. 붉은색이 노란색을 포함한 다른 색보다 강한 반응을 해발시켰다(Tinbergen and Perdeck이후, 1950).

것을 생각하면 대단히 놀라운 것이다.

연구된 다른 많은 동물들에게서 우리는 반응자가 갈매기 새끼들처럼 행위자에 의한 자극 중 몇몇 선택된 자극에만 반응한다는 것을 발견할 수 있다. 우리가 이미 살펴본 것처럼 울새의 싸움은 다른 신체적 특징에서보다 붉은 가슴에 의해 더 유발된다. 큰가시고기 수컷의 싸움은 다른 무엇보다 붉은 아랫부분에 의해 유발된다. 딱따구리 수컷의 '콧수염'은 다른 특징의 영향을 압도한다. 그러나 그러한 색, 형태, 소리, 움직임은 오직 한 가지 기능을 하는 것처럼 보인다. 즉 반응자에게 적합한 반응을 유발한

다. 이런 생각은 로렌츠[55]에 의해 처음으로 분명히 밝혀지기 시작했었는데, 특히 그는 사회적 반응(Social Response)은 흔히 이 기능에 특별히 적응되어 보이는 그런 특징들에 의해 유발됨을 지적했다. 그러한 특징들을 그는 해발인(解發因, Releaser, Ausloser)*이라고 불렀다. 로렌츠는 해발인의 개념을 다음과 같이 묘사했다. '열쇠 자극(Key Stimuli)'을 보내는 수단은 특이한 색깔 구도나 구조와 같은 신체적 특징 혹은 자세를 취하거나 춤추는 동작 등과 같은 본능적 행동에 있을 수 있다. 대부분의 겨우 ㄱ 수단은 양쪽 모두에서 발견된다. 즉 전적으로 이 목적을 달성하기 위해 진화된 색과 구조를 나타내고 있는 몇몇 본능적인 행위에서 발견된다. 해발 요소가 시각적이든 청각적이든, 혹은 행동이든 구조이든 색깔이든지 간에 필자는 자극을 해발하는 그러한 모든 고안을 해발인이라고 이름 붙였다.

이 분야의 수많은 학자들의 연구를 통해서 축적된 대부분의 증거가 로렌츠의 가설을 확립시켜 주는 것 같다. 충분히 완벽한 증거는 거의 없고, 더 많은 연구 과제가 남아 있는 듯하지만, 전체적으로 보면 해발인의 원리는 사회 협동의 메커니즘을 이해하는 데 대단히 유용한 것 같다. 해발인에 대한 다음의 검토가 수행 기능이 아닌, 관련 감각 양식에 따라 정리될 것이다.

---

* 해발인(Releaser): 행동학의 전문 용어로서 어떤 특정 반응을 유발하기 위한 특정한 자극을 말한다. 보통 열쇠 자극이라는 말로 혼용해서 사용한다. 마찬가지로 이 책에서 해발이라는 말의 사용은 유발이라는 말로 바꾸어 이해해도 무관하다.

# 04
## 해발인에 대한 검토

소리는 청각 기관이 잘 발달된 집단에서 하나의 역할을 하고 있다. 우리는 이미 많은 종의 수컷이 인간에게 아름답게 들려서, 노래라고 이름 붙여진 종 특유의 소리를 내어서 암컷을 유인하는 것을 보았다. 해발인으로서 노래의 영향에 대한 실험적 증거는 불충분한 것이기 때문에, 많은 이용 가능한 새들의 노래 음반들을 실험에 사용해 보는 것도 가치 있는 일이 될 것이다. 도요새(Snipe) 수컷(그림 50)의 '울음소리(Bleating)', 쏙독새 수컷의 '쏙- 쏙- 거리는 소리', 딱따구리 수컷의 '북치는 것 같은 소리'들은 뚜렷하게 정의된 기능들을 가지고 있지만, 실험을 통해 밝혀보는 것도 가치 있는 일이 될 것 이다.

소리와 '노래'가 어떤 역할을 하고 있는 또 다른 집단은 개

그림 50 | 도요새 수컷의 '울음소리'. 이 소리는 바깥쪽 꼬리깃털을 떨어서 낸다.

구리와 두꺼비들이다. 물론 우리는 개구리와 두꺼비의 '개굴개굴하는 소리'를 알고 있다. 아열대 지방과 열대 지방에서는 더 다양한 시끄러운 소리를 내는 종이 발견되는데 그들 중의 몇몇은 아름다운 소리를 가지고 있어서 우리 지방의 거칠고 시끄러운 소리를 내는 개구리들보다 그들의 소리에 '노래'라는 말을 붙이는 것이 훨씬 자연스러운 것이다. 이런 양서류의 노래와 다른 소리들의 정확한 기능에 대해서 연구되어야 할 많은 부분이 남아 있다.

메뚜기와 귀뚜라미(Crickets)의 노래가 새의 노래와 본질적으로 같은 기능을 한다는 몇몇 실험 증거가 있지만, 다른 곤충들의 소리의 기능에 대해서는 거의 알려진 것이 없다. 구애를 하는 여치(Grasshopper) 수컷은 일련의 다른 울음소리(Chirps)를 낸다. 이 소리들은 그 종들에서 전형적인 것이지만 각 종들이 소리를 낼 때 대단한 규칙성이 있다. 매미(Cicada), 개미(Ant), 그리고 많은 다른 집단들의 소리는 더 많이 알려졌지만, 그들의 기능은 알려지지 않았다.

후각 기관에 작용하는 화학적 신호들도 그렇게 드문 것은 아니나, 그들의 기능은 몇 가지 경우에서만 알려져 있다. 필자는 이미 나방의 수컷이 냄새로 암컷을 유인하고, 포유류가 영토 경계를 알리기 위해 냄새로 과시한다는 것을 언급한 적이 있다. 냄새는 또한 실제 구애에서 암컷을 설득하고 협동을 이끌어 내는 역할을 하기도 한다. 이것은 뱀눈나비 수컷의 소위 냄새 비늘들의 기능이다. 이 냄새 비늘들은 수컷의 앞날개 위쪽에 있는 좁은 부위에 집중되어 있다. 솔 모양의 비늘 형태는 냄새선에서

분비된 것이 공기 중으로 방
출되어 나가는 것을 도와준
다(그림 51). 암컷 앞에서 하
는 수컷의 구애 동작의 절정
은 '인사' 동작이다. 수컷은
앞날개를 펼치고 그 사이에
암컷의 촉각인 더듬이를 잡
는다. 그리하여 암컷의 촉각
의 털(Clubs)에 위치한 말초

그림 51 | 뱀눈나비 수컷의 두 개의 보통 비늘과 하나
의 냄새 비늘(Tinbergen et al., 1942)

후각 기관을 냄새나는 곳에 접촉하도록 가져오는 것이다. 냄새 비늘은 털
어 버리고 그 바닥을 셸락(Shellac)*으로 덮어 버린 수컷은 수컷 날개의 다
른 부분에 셸락을 칠한 대조구 수컷에 비해서 구애의 성공률이 떨어지는
편이다.[108]

　접촉 자극도 사회 협동에서 하나의 역할을 하고 있다. 큰가시고기의
수컷이 암컷을 둥지로 이끌고 가면, 암컷이 그 속에 들어가서 알을 낳을
준비를 한다. 그러나 알을 낳으려면 수컷으로부터 접촉 자극이 필요하다.
수컷의 '떨림'이 이 목적을 이루어 준다.

　구애에서 접촉 자극의 또 다른 예는 식용 달팽이(Garden Snails, Helix
Pomatia)의 짝짓기에서 찾아볼 수 있다(그림 52). 이 달팽이들은 자웅동체

---

\* 　셸락(Shellac): Lac을 정제하여 얇은 판자 모양으로 만든 것. 와니스, 절연체 따위의 원료.

그림 52 | 짝짓기를 하는 식용 달팽이. 오른쪽: 사랑의 화살(Meisenheimer, 1921)

로서 전적으로 상호 구애를 한다. 구애는 일련의 자세와 동작들로 구성되며 교미로 끝나게 된다. 시만스키(Szymanski)[88]는 보통 배우자가 하는 자극을 모방하여 붓으로 달팽이를 가볍게 건드림으로써, 달팽이에게서 완전한 구애 행동을 유발할 수 있었다. 이 '접촉 구애(Tactile Courtship)'는 대단히 강렬한 자극에 의해 정점에 달하게 된다. 뾰족한 석회질의 비수 '사랑의 화살(Love Dart)'이 상대방의 몸에 밀려 들어감으로써 교미로 이끄는 것이다. 이미 언급한 대로, 많은 어류의 위협 과시는 측선 기관에 작용하는 특정한 종류의 촉각 자극을 포함한다.

여러 도롱뇽(영원, Newt)의 구애는 일련의 시각적, 촉각적, 화학적 성질의 신호들인 것 같다.[61,110] 도롱뇽 수컷은 암컷의 앞에서 볏을 들어 올리고, 옆쪽을 암컷에게 향함으로써 자세를 취하기 시작한다(그림 53). 그리고 나서 갑자기 튀어 올라서 강한 물의 조류를 암컷에게 향하게 하여 암컷을

그림 53 | 영원의 시각적 과시 양상(Tinbergen and TerPelkwijk, 1938)

흔히 한쪽으로 밀려가게 한다. 그리고 나서 수컷은 꼬리를 몸을 따라 앞쪽으로 구부리면서 암컷과 마주 본다. 꼬리를 흔들어서, 아마 화학적 자극물을 함유하는 듯한 잔잔한 물의 조류를 암컷에게로 보낸다(그림 54). 만일 암컷이 수컷 쪽으로 걸어가는 것으로써 반응을 보이면, 그는 돌아서서 암컷으로부터 기어나간다. 잠시 후 그는 멈추어서 암컷이 그의 꼬리를 건드릴 때까지 기다린다. 그리고 나서 정포(精包, Spermatophore)를 방출하

그림 54 | 암컷에게 물의 조류를 보내는 영원의 수컷(Tinbergen and TerPelkwijk, 1938)

고, 암컷은 그의 총배설강 속에 그것을 넣는다. 여기서 다시 한번 수컷의 첫 동작이 시각적 과시이며, 두 번째는 촉각적 자극이고, 세 번째가 화학적 자극이었는지를 확인해 볼 수 있는 실험적 연구가 필요하다.

시각적 해발인은 비록 더 많은 정확한 증거가 필요하지만, 비교적 잘 알려져 있다. 지금까지 소개된 예들은 움직임, 색깔, 형태가 포함되어 이미 제시되었다. 몇몇 종에서는 재갈매기의 여러 구애 동작이나 위협 과시와 같이 움직임에 강조점을 두었다. 또 다른 경우에는 큰가시고기의 붉은 복부나 제갈매기의 아랫부리의 붉은 반점 부분과 같이 색깔에 강조점을 두기로 한다. 대개 색깔과 움직임은 모두가 관련되어 있다. 움직임은 반응자에 영향을 미치는 특이한 구조를 나타내기 위해 항상 잘 어울려져 있다. 움직임이 구조를 적응시켰는지, 구조가 움직임을 적응시켰는지는 물론 진화상의 문제이다. 필자는 그것을 8장에서 논해 보려고 한다.

# 05
## 결론
·······

    지금까지의 우리의 지식에 따르면, 사회 협동은 주로 해발인의 체제에 달려 있는 것 같다. 행위자가 신호들을 보내는 성향은 생득적인 것이고, 반응자의 반응 역시 생득적인 것이다. 해발인들은 늘 눈에 띄는 것처럼 보이고, 상대적으로 단순해 보인다. 이것은 우리가 생득적 행위를 해발시키는 자극이 항상 단순한 '신호 자극'이라는 것을 다른 실험을 통해 알고 있기 때문에 중요하다. 그러므로 해발인으로 작용하는 구조와 행동 요소는 신호 자극을 주는 일에 적응된 것이다. 게다가 해발인이 다른 종의 해발인과 구별되기 때문에, 즉 종 특이적이기 때문에 번식 격리에 공헌한다. 이런 종 특이성은 하나의 해발인에 의해 항상 얻을 수는 없다. 다만 연속된 해발인들이 각각의 해발인에서는 그렇게 특이적이지 않아도, 그 전체 과정은 대단히 종 특이적이 될 수 있다.

    그러나 모든 의사 전달이 해발인에 바탕을 둔 것은 아니다. 거기에는 어떤 복잡함이 있다. 우리가 알고 있듯이, 많은 사회성 동물들은 단지 그들이 개별적으로 서로 알고 있는 어떤 개체들에 의해 주어진 그 종의 사회적 해발인들에 반응한다. 그런 경우, 학습 과정이 한 예가 될 수 있다. 어떤 동물이 처음에는 동종 개체의 신호에 반응하다가 나중에 어떤 특정 개체, 혹은 여러 개체를 개별적으로 알아보는 것을 학습한다. 이런 식으로 처음에는 모든 암컷에 반응하다가 나중에는 자기 배우자에게만 반응하게 된다.

반응자의 반응은 때때로 즉각적이고 단순한 움직임에 의해 이루어진다. 그러나 흔히 그것들은 내적인 반응이기도 하다. 이런 경우 신호는 반응자의 태도를 바꾸고, 좀 더 복잡하고 다양한 행동을 준비하도록 한다.

그러므로 우리는 사회 기능들이 그 구성원들의 성격에 달려 있다는 것을 알 수 있다. 그래서 각 구성원들은 반응자에게 '올바른' 반응을 해발하는 신호 움직임을 수행하려고 한다. 각 구성원들은 그 종의 신호에 민감하게 반응할 수 있는 종만의 특유한 능력을 가지고 있다. 이런 의미에서 한 사회는 개체에 의해 결정된다.

때때로 사회학자들이나 철학자들은 개체는 사회의 요구에 의해 결정된다는 주장을 하기도 한다. 처음 보기에는 이것은 바로 앞의 결론과 꼭 반대가 되는 것처럼 보이지만, 실제로 두 주장은 일치하고 있다. 첫 번째 주장은 '생리학적' 견해로 보면 타당한 것이고, 두 번째는 진화적 관점으로 보면 타당한 것이다. 개체들이 비정상적으로 행동했을 때 물론 그 사회는 어려움을 겪게 된다. 이런 관점에서 보면 구성원들은 분명히 그 사회를 결정한다. 그러나 '유능한' 개체들로 구성된 집단만 살아남고, 결함이 있는 개체들로 구성된 집단은 살아남을 수 없다. 따라서 적절하게 번식할 수도 없다. 이런 식으로 개체들의 협동의 결과는 계속적으로 시험 확인되며, 궁극적으로 집단은 적응을 통해 개체들의 자질을 결정한다. 이런 논의는 개체와 그를 구성하는 기관에서도 똑같이 적용될 수 있다. 한 기관이 기능 수행에 결함이 생기면 개체의 생명을 위험하게 한다는 점에서, 물론 개체는 그의 기관들에 의해 결정된다. 기관들의 협동의 결과인 개체는 전체로서 시험되고, 적절하게 기능함으로써 기관들은 살아남을 것이다. 그래서 궁극적으로 개체들의 성공은 그의 구성 기관들의 성공을 결정한다.

# 6장

:

# 종간 관계

앞의 장들에서 우리는 종 내 개체들 간의 협동은 흔히 해발인 체계에 바탕을 두고 있음을 알아보았다. 한 개체인 행위자는 반응자가 반응하는 신호를 보낸다. 그러나 그런 해발인—관계(Releaser-Relationship)는 결코 종 내의 관계로 한정된 것은 아니다. 우리는 유사한 신호 체계에 바탕을 둔 수많은 종간의 협동의 경우들을 알고 있다. 그중 몇몇이 여기서 논의될 것이다.

# 01
## 반응들의 해발
...................

    이 범주는 곤충들에 의해 수분이 되는 꽃들의 빛깔에 의해 가장 인상적으로 상징된다. 주로 독일 학자들의 연구를 통해 지금은 알려져 있지만, 많은 꽃들은 필요한 수분자들(벌, 나비)을 이끌어 들이기 위해 아름답게 적응한 것이다.[24,26,35,39,40,43,79] 그들의 주요 해발인은 빛깔이다. 꿀벌들이 색맹이라는 본 헤스(von Hess)의 주장을 반박했던 본 프리히(von Frisch)는 꿀벌들은 색깔을 대단히 잘 구별하며, 그것은 뒤영벌, 파리, 나비, 나방들도 마찬가지라는 것을 보여 주었다. 이 곤충들이 꽃을 찾아오는 것은 주로 색깔에 이끌리기 때문이다. 예를 들어 노란색이나 파란색 종이 위에 설탕 용액이 들어 있는 접시를 갖다 놓음으로써 꿀벌들이 노란색이나 파란색 종이를 찾아가도록 훈련시키는 것은 쉬운 일이다. 비교 실험을 위해서 설탕물을 치우고, 여러 색깔의 종이와 세밀하게 명암 정도에 따라 나누어진 회색 종이들을 갖다 놓는다. 벌들은 곧장 훈련된 색깔로 날아간다. 그 벌들이 자외선이나 적외선에 반응할 수 없도록 하기 위한 예방 조치를 취할 수 있다. 이런 간단한 방법을 통해서 벌들이 색깔을 볼 수 있다는 것을 충분히 증명할 수 있다.

벌들에게 꽃들의 빛깔이 얼마나 중요한가 하는 것은 많은 사례를 통해 연구되었다. 예를 들어 놀(Knoll)은 Helianth-emum의 노란 꽃들을 찾아가던 벌들이 때때로 다른 노란 꽃들에도 내려앉는 것을 보았다. 그는 Helianthemums의 노란 꽃잎들을 떼어 버리고 나머지 꿀과 꽃가루는 그대로 두었는데, 벌들은 이 꽃들을 무시했다. 그러나 그가 노란 종이로 꽃잎을 만들어서 원형대로 유지했을 때 벌들은 전처럼 그 종의 꽃들을 찾아왔다. 비슷한 실험이 꽃등애와 무스카리(백합과 식물, Grape-Hyacinth)의 푸른 꽃에서 행해졌다. 여러 색깔과 여러 명암의 회색 종이들을 체스판 위에 붙여놓고 무스카리들 사이에 세워놓았을 때 꽃등애는 다른 색깔이나 푸른 색과 같은 명암의 회색으로 가지 않고 푸른 종이로 날아왔다(그림 55).

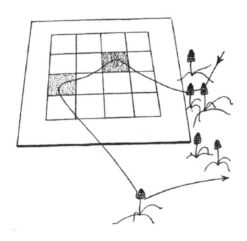

그림 55 | 꽃등애가 무스카리와 푸른 종이로 비행하는 경로(Knoll, 1926)

그림 56 | Salvia Horminum의 보랏빛 '왕관' 모양 잎에 이끌려 온 꿀벌의 비행로 (Knoll, 1926)

많은 식물은 꽃둘레로 해서 채색된 잎들을 가지고 있는데, 이것은 엄격히 꽃에 속하지 않으면서, 꽃을 눈에 띄게 하는 데 큰 몫을 한다. Salvia Horminum은 원산지가 지중해인 평범한 1년생 원예 작물로서, '왕관' 모양의 진한 보랏빛 잎이 있어서, 사실상 조그맣고 희미한 담자색의 꽃 자체보다 훨씬 눈에 띈다. 지중해 지방에 살고 있는 벌들은 밝은 왕관 모양의 잎에 먼저 반응하고 그다음에 꽃으로 내려간다. 그 식물이 프라하에 있는 식물원에서만 서식하고 있었기 때문에 놀은 프라하에 있는 꿀벌들이 처음에는 꽃들이 어디 있는지 알지 못했다가 그 왕관 부분에 이끌려온 뒤, 유연히 꽃들을 발견하기까지 오랫동안 잎사귀 사이에서 찾아 헤매는 것을 관찰하게 되었다(그림 56).

일상적으로 붉은 양귀비를 찾아다니는 곤충에게 앞에 묘사된 체스판 실험을 했을 때 예기치 못한 결과가 나타난다. 예를 들이 뒤영벌(Bumblebee)은 양귀비의 꽃에 강하게 이끌리는 것이 분명한 데도, 제시된 붉은 종이 근처에는 가지 않는 것이다. 이것은 곤충들이 양귀비의 붉은 색에 반응하지 않는다는 사실에서 기인한다. 사실 대부분의 곤충은 빨간색에 민감하지 않으며 우리가 빨간색을 볼 때 그들에게는 검은색이 보일

따름이다. 붉은색은 그들에게 '황외선(Infrayellow)'이다. 이 곤충들은 전혀 다른 유형의 빛, 즉 자외선에 반응하는데, 이것은 양귀비에 의해 반사된다. 곤충들은 우리의 시각 한계를 넘어서 자외선을 볼 뿐만 아니라, 자외선을 다른 색과 다른 한 가지 색깔로 구분한다. 그러므로 곤충들에게는 양귀비의 자외선 빛깔이 대단히 중요한 반면 붉은색은 단지 하나의 부산물로서 적응하지 못한 것처럼 보인다. 우리가 아는 꽃 중에서 정말 붉은색은 극히 희귀하다. 대부분 '붉은색'의 꽃은 사실상 자주색이거나 혹은 붉은색과 푸른색의 혼합이거나, 푸른 색조를 띠고 있으며, 곤충들은 그런 색에 반응한다.

정말 붉은 꽃은 수분시키는 새들이 있는 지역에 나타난다. 예를 들어 벌새(Humming Birds)가 찾아다니는 미국 꽃들의 다수는 타오르는 듯한 붉은색이다. 유럽 지역의 식물들도 새들에 대해 유사한 적응성을 나타내고 있다. 베리(Berry)류 식물들은 새에게 먹히는데, 아마 그 식물의 발아는 이 때문에 일어나는 듯하다. 베리는 흔히 밝은 붉은색을 띠고 있다.

많은 꽃들은 소위 '꿀 안내자(Honey -Guides)'라 불리는데 꽃 가운데를 중심으로 해서 점과 줄무늬가 배열되어 있어 이것이 화밀로 연결된다. 몇몇 경

그림 57 | Linaria Vulgaris와 그의 오렌지색 꿀 안내자(HG)(Knoll, 1926)

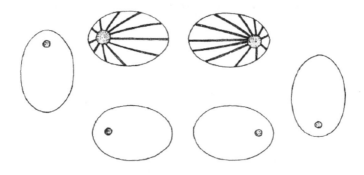

그림 58 | 꿀 안내 표지가 있는 인조꽃늘의 모형. 찾아온 벌새매나방은 원형의 반점으로 이끌려 간다(Knoll, 1926).

우 그러한 꿀 안내자가 안내해 주는 기능을 가지고 있음이 증명되었다. 좁은잎해란초(Toadflax, Linaria Vulgaris)는 꽃으로 들어가는 입구 바로 아래 하순판(Lower Lip) 위에 진한 오렌지색 무늬가 있다(그림 57). 꿀이 있는 깊은 곳까지 닿을 수 있을 만큼 긴 혀를 갖고 있는 종의 하나인 벌새나방은, 그 혀끝을 정확하게 이 오렌지빛 지점에 대고 입구를 찾아내는 데 성공을 한다. 꽃의 중심에서부터 방사형으로, 눈에 띄는 줄무늬를 갖고 있는 다른 유형의 꿀 안내자 반응은 놀과 커글러(Kugler)의 인조꽃을 이용한 실험에 의해 관찰되었다(그림 58). 물론 곤충을 끌어모으는 것은 꽃들의 빛깔만은 아니다. 향기도 한몫을 담당한다. 곤충들이 꽃의 향기를 이용하는 방식은 종에 따라 다르다.

꿀벌과 뒤영벌은 먼저 꽃의 빛깔에 이끌리는 것 같다. 채색된 종이 모형들로 그들을 불러들이기는 쉽다. 그러나 그들은 내려다보기는 하지만

1~2㎝ 정도 거리에 있다가 거의 앉으려하지는 않을 것이다. 그러나 종이 꽃에서 진짜와 같은 향기가 나면 그들은 내려앉는다. 이 곤충들에게 냄새는 단지 마지막으로 꽃의 존재를 확인해 보는 수단일 뿐이다.

많은 나비들은 다른 방식으로 꽃 향기에 반응한다. 그들은 다양한 꽃 향기에 반응하는데, 그 냄새의 근원으로 날아가는 것이 아니고, 주로 노

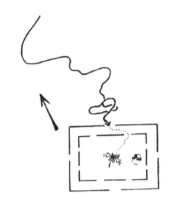

**그림 59 │** 감춰진 인동꽃의 냄새에 이끌려서 온 소나무매나방의 비행로. 큰 화살표는 바람의 방향을 가리킨다.

란색과 푸른색으로 채색된 물체들로 향한다. 냄새는 단지 그들의 시각적 반응을 일으킨다. 그들은 꽃으로 이끌리지는 않는다. 해 질 녘에 피어서 강한 향기를 내뿜는 꽃들은 다른 기능을 가지고 있다. 그들은 실제로 멀리에서부터 나방을 이끈다. 필자는 틈을 일정하게 내서 만든 나무 상자에 인동꽃(Honeysuckle)*을 숨겨놓는 실험을 통해 아주 강한 인상을 받았다. 상자 중앙에 있는 꽃은 밖에서 보이지는 않지만, 뚫려 있는 틈을 통해 향기가 자유롭게 퍼져나갈 수 있었다. 황혼 무렵에 약 10m의 거리에서부터 그 꽃에 반응하여 수많은 소나무매나방(Pine Hawk Moths)이 찾아왔다. 그들은 지그재그로 움직이며 상자 주위를 돌더니, 곧 안쪽 통로를 발견했다

---

\* 인동꽃(Honeysuckle): 나팔 모양의 향기로운 꽃이 핌.

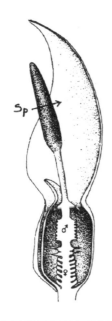

그림 60 | Arum Maculatum의 일정한 배열로 줄기에 달린 꽃은 암수꽃이 '덫' 속에 있으며 포엽이 있음을 가리킨다.

(그림 59). 놀은 다양한 매나방의 시각 반응을 연구했는데, 그들이 꽃의 색깔에도 반응하며, 특히 너무 어두워서 사람의 눈으로는 색깔을 구별할 수 없을 때도 그들은 색을 구별할 수 있음을 알아냈다.

꽃과 곤충들 사이의 다양한 관계에 대한 마지막 예로서 함정꽃(Trap-Flower)이 언급되어야 한다. 영국 꽃에서 가장 잘 알려진 예는 Arum Maculatum[39]이다. 각 아룸–꽃(Arum-'Flower')*은 정말 일정한 배열로 줄기에 달린 식물인데 이 꽃은 대형 포엽 (Spathe)에 싸여 있다(그림 60). 그 꽃의 끝에는 '곤봉 모양 기관'(Club)이 있어서 여러 종의 곤충들을 끌어오는 향기를 내뿜고 있다. 그 곤충들이 그 곤봉 기관 끝에 앉거나, 포엽의 안쪽에 앉았을 때, 그 곤봉과 포엽은 대단히 미끄럽기 때문에 곧 꽃의 구멍 속으로 떨어져 버린다. 그 구멍은 윗 병 주둥이 모양의 둘레에 털이 나 있어서 큰 곤충은 붙잡았다가 보내고, 작은 것들은 아래로 미끄러져가게 한다. 미끈거리는 구멍 벽과 또 미끈거리는

---

\* 아룸(Arum): 천남성과 아룸 속 식물의 총칭. 제단 장식으로 씀.

털이 그들을 도망갈 수 없게 한다. 그들이 할 수 있는 것은 그 꽃잎 둘레를 뱅뱅 도는 것뿐이다. 수꽃들이 닫히는 첫날에는 암꽃들이 피어서 수분될 준비를 한다. 찾아온 곤충들은 하루 동안만 구멍에 갇혀 있다가 아룸들 사이를 돌아다니면 그들 중 일부는 아룸의 꽃가루를 묻히고 다니게 된다. 암꽃이 수분되는 순간 벽의 세포들은 움츠러들고 미끈거렸던 성질을 잃어버리므로, 모든 곤충들이 풀려나올 수 있다. 그러나 이것이 발생하기 전에 수꽃들이 피고, 풀려나온 모든 곤충들은 꽃가루를 운반하는 것이다. 그들은 다음에 찾아가는 아룸에게 꽃가루를 전한다. 지금까지 우리는 식물들이 수분시키는 곤충들을 이끌어오기 위해 수많은 장치들을 발전시켜 온 것을 보았다. 많은 곤충들은 이 고안에 생득적으로 반응한다. 예를 들어 뒤영벌이나 매나방이 색깔에 반응한다는 것이 알려졌다. 그리고 다른 많은 경우가 그럴 가능성이 있다. 꿀벌이나 뒤영벌 그리고 다른 곤충들이 지금은 이 종의 식물에 또 다른 종의 식물에 전문화되는 것도 학습한다는 사실이 알려져 있다. 어느 특정한 경우에는 어떻게 생득적 반응성이 여러 학습 과정과 혼합되는지 알려져 있지 않으며, 이 분야에 아직 많은 연구 과제로 남아있다.

이런 종간의 관계는 종 내 관계와 마찬가지로 상호적인 것이다. 양자가 협동을 통해 다 같이 이익을 얻는다. 그러나 종간의 해발인들이 한쪽으로만 치우쳐진 것도 있고, 이들은 또 여러 면에서 상당히 흥미로운 것이 되기 때문에, 이들 중 몇몇을 간략하게 토의해 보기로 한다.

북해에 사는 Lophiidae과의 아귀(Angler Fish, Lophius Piscatorius)

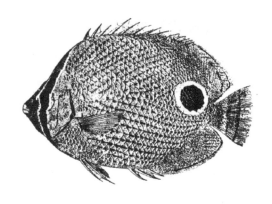

그림 81 | Chaetodon Capistratus와 그의 '눈 모양 반점'(Cott, 1940)

는 작은 고기들을 죽게 만드는 신호를 발전시켰다. Lophius 그 자체는 아름답게 위장된다. 그의 머리 꼭대기에는 크기와 움직임이 작은 고기에게 먹이를 먹도록 해발시키는 크기의 생물을 닮은 '미끼'를 가지고 있다. 작은 고기가 그의 범위 안에 들어오면, 그들이 그 미끼를 덥석 물기 전에 Lophius는 거대한 입을 벌리고 그 작은 물고기를 삼켜버린다.116 Lophius는 그의 피식종들의 특이한 감수성에 적응된 해발인을 발전시켰다. 그러나 그 피식자들은 분명히 Lophius에 대한 반응에서 자신을 적응시키지 못했다.

비슷한 경우가 Ophrys종과 같은 어떤 난초에서도 발견되는데, 그들의 꽃은 어떤 곤충들을 닮았다. 이 곤충들의 수컷은 먹이를 모으는 것이 아니라 그들과 교미하기 위해 반응한다.

즉 그들의 짝짓기 행동은 형태와 색깔에 대한 반응이다—지금까지 알려진 범위 내에서—형태와 색깔 이외에 다른 것은 없다. 교미를 하려는 시도에서 그들은 꽃들을 수분시킨다.[4] 마찬가지로 이 적응도 상호적인 것이 아니다.

일방적 해발인과 유사한 이탈 장치(Deflection Devices)를 갖고 있는 동물들도 있다. 몇몇 어류의 눈은—머리의 모양을 특징짓는 주요 구조로—그 눈을 가로지르는 어두운 무늬의 띠에 의해 가려진다. 몸의 정반대 부분에는 눈에 띄는 둥글고 어두운 반점이 있다. 열대어인 Chaetodon Capistratus는 먼저 꼬리로 굉장히 천천히 헤엄치는 기묘한 습성을 가지고 있다. 포식자에 의해 방해를 받으면 반대 방향으로 재빨리 헤엄치는 것을 멈춘다.[13] 동작과 '눈' 모양의 반점(그림 61)에 반응한 포식자는 꼬리 쪽으로 달려들 것이고, 그러다 보면 꼭 붙잡지 못하고 놓치게 된다. 코트(Cott)는 그러한 이탈 장치들의 또 다른 실례를 들었다. 비록 필자는 이 이탈 장치 가운데 일부에서 꼬리에 있는 눈의 반점이 종 내의 사회적 해발인으로도 사용될 수 있다고 생각하지만, 아무튼 이러한 이탈 장치들이 존재한다는 것은 거의 의심할 여지가 없다. 이 문제에 대해 몇몇 실험 연구를 해보는 것도 대단히 흥미로운 일일 것이다.

눈에 띄는 색깔들의 또 하나의 범주는 소위 경고색(Warning Colours)이라 불리는 것이다. 그들의 기능은 꽃들의 색깔과 마찬가지로 다른 종의 동물들의 반응을 유발하는 것이다. 그러나 그들은 동물들을 유인하는 것이 아니라 도망이나 물러나게 유발해서 그들을 쫓아버리는 것이다. 그들은 포식자에게 겨냥된다. 물러나는 것은 포식자의 이익이 아니므로 여기서 우리는 또 한쪽만의 관계를 다루고 있는 것이다.

우리는 이 범주 속의 전적으로 다른 두 타입을 구별해야만 한다. 한 가지 타입은 포식자가 그 색깔의 표시가 해로운 것이라는 것을 배우기 전에는 색깔들이 포식자에게 아무 영향을 주지 못한다는 것이다. 나머지 또한 타입은 포식자가 깜짝 과시(Sudden Display)에 놀라게 되는 것인데, 그들은 대개 아무 해가 없고 먹을 수 있는, 것이기 때문에 이런 식으로 방어하는 동물들은 순전히 '엄포(Bluff)'를 놓을 뿐인 것이다. 첫 번째의 것을 흔히 '진짜 경고색(True Warning Color)'이라고 이름 붙이고, 엄포나 허세에 사용되는 것을 '가짜 경고색(False Warning Color)'이라고 한다.

아름다운 가짜 경고색은 많은 나비와 나방에 의해 과시된다. 예를 들면, 눈모양매나방(Eyed Hawk Moth)은 뒷날개에 척추동물의 눈을 많이 닮은 밝게 채색된 반점이 있다. 야행성이기 때문에 낮에 휴식한다. 휴식할 때 그 나방은 전적으로 위장되어 있고, 뒷날개는 앞날개 아래로 깨끗이 숨겨진다. 건드렸을 때 특히 새의 부리와 같이 날카로운 것일 때는 갑자기 날개를 펴서 뒷날개를 보여주면서 그것을 앞뒤로 천천히 움직인다(사진 7). 실험에 의하면 새들은 이 과시에 놀라서 그 나방을 남겨두고 가버린다.[77] 그러나 뒷날개의 색깔을 붓으로 털어버렸을 때 그 과시는 새에게 아무런 영향을 주지 못했고, 그 불운한 나방은 즉시 잡아먹히고 말았다. 전세계에 걸쳐 그러한 눈에 띄는 색깔들로 깜짝 과시를 하는 곤충들은 수없이 많다. 이들의 기능은 전적으로 그 과시가 갑작스러움에 의지한다는 것이 증명되었다. 만약 이러한 곤충들의 경고색을 노출시켜 분명히 보이도

사진 7 | 왼쪽-쉬고 있는 눈모양매나방, 오른쪽-건드린 후 뒷날개에 있는 눈 모양 반점을 과시하는 눈모양매나방

록 해서 놓으면, 그들은 잡아먹힌다. 그러한 종 전부를 다 먹을 수 있는 것이 아니라도 대개가 잡아먹힐 것이다.

경고색의 다양한 형태에 대해 훌륭하게 다루어 놓은 좋은 책이 여러 권 있다.[13,72] 필자는 단지 그들 중 많은 수가 눈을 닮았다는 것을 지적하고 싶다. 이것은 분명히 우연이 아니다. 눈은 대단히 눈에 띄일 뿐 아니라(은폐 동물들이 위장하는 수많은 방법들을 발전시켜 온 것처럼) 많은 종, 특히 새들은 바로 가까이에서 그들을 응시하는 한 쌍의 눈을 보면 쉽게 놀라는 것 같다.

꽃의 색깔의 기능, 보호색, 진짜 경고색에 대해서는 많은 실험적 연구가 있었지만, 가짜 경고색에 대해서는 거의 연구가 되어 있지 않다. 거의 모든 관찰은 대개 가짜 경고색이 중요하지 않고 또 그렇게 결정적인 것이 아니라는 생각을 하게 한다. 그렇지만 이 분야는 실제로 미개척된 가장 매력적인 분야이다.

진짜 경고색은 다른 방식으로 영향력을 발휘한다. 그들은 결코 숨겨지지 않고 영원히 과시 상태에 있다. 말벌(Common Wasp)이 좋은 예이다.[65] 딱새와 같은 명금류가 생전 처음 말벌을 만나면, 그는 말벌을 붙잡는다. 때때로, 사실상 상대적으로 드문 일이지만, 말벌은 새를 침으로 쏘려고 할 것이다. 그러면 새는 날아가 버리고, 침이 다소 불쾌한 영향을 주었으므로 여러 방식으로 반응할 것이다. 머리를 흔들고, 부리를 닦아내려고 할 것이다. 어쨌든 그 새는 더 이상 말벌에게 관심을 가지지 않는다. 그러나 대개 말벌은 침을 쏘기 전에 죽게 된다. 그러면 말벌의 맛이 고약하다는 것을 명백히 알게 되는 것이다. 새들은 대개 다 먹지는 않는다. 만약 먹었다 하더라도 흔히, 나중에 토해낸다. 모슬러(Mostler)는 많은 명금류들이 한 번 혹은 몇 번 그런 경험을 통해 말벌들을 방해하지 않는 것을 학습하게 됨을 보여 주었다. 그들은 색깔로 그런 맛없는 곤충들을 구별하는 것이 분명하다. 그런 새들은 말벌만이 아니라 비슷한 색깔의 모든 곤충을 피하는 것이다. 그러므로 이런 유형의 색깔은 포식자의 생득적 반응성에 작용하지 않으며, 그 색깔은 포식자에게 혐오감의 표시로 조건 지어지는 것이다. 불나방(Cinnabar Moth, Euchelia Jacobaeae) 유충의 검정과 노란색의 모양에도 같이 적용된다. 이것은 윈데커(Windecker)[117]에 의해 증명되었는데, 이들 역시 모든 어린 새들에 의해 한 번쯤 시도되는 것이다. 그 유충들은 피부의 어떤 성질과 특히 털 때문에 맛이 고약하다. 이것을 증명하기 위해서, 윈데커는 밀웜(Mealworm)*과 나방 유충의 여러 부분과 섞

---

* 밀웜(Mealworm): 딱정벌레과의 애벌레로 실험실에서 식충성 동물 사육에 먹이로 쓰임.

었다. 그가 내장들을 섞었을 때는 싫어하는 새가 없었다. 그러나 피부들을 섞어놓자, 새들은 한 번 맛본 뒤 혐오를 표시하면서 밀웜을 거부했다. 또한 수많은 유충들의 털을 깎아서 밀웜과 털을 섞어놓았다. 이것 역시 새들이 거부하기에 충분했다.

이런 식의 보호색과 밀접히 관련된 것으로 의태(Mimicry)가 있다. 의태는 그들이 실제로는 맛이 고약하지 않은데도, 그 종을 모방하여 같은 유형의 색깔들을 과시하는 것이다. 결과적으로 그들은 혐오스러운 '실례'를 경험했던 포식자들에 의해 거부된다. 이 가설은 오래전에 베즈(Bates)에 의해 세워졌고, 모슬러에 의해 실험으로 확인되었다. 꽃등애는 말벌, 벌 혹은 뒤영벌을 모방하지만 경험이 없는 새들에게는 늘 잡아먹힌다. 그러나 곧 이 새들이 말벌, 벌 그리고 뒤영벌을 피하는 것을 배우지만 그때까지는 의태한 놈들을 내버려 두지 않는다.

또한 상호 의태를 하는 종들도 있다. 윈데커는 붉은 나방 유충을 먹지 않도록 학습된 새들은 더 이상의 학습이 없이도 말벌들을 피한다는 것을 지적했다. 이런 식으로 종들은 포식자를 '교육'시키기 위해 지불해야만 하는 '대가'의 일부분을 다른 종들에게 전가시킬 수도 있다. 이런 식의 상호 의태는 뮬러식 의태(Mullerian Mimicry)*라고 알려져 있다. 윈데커의 연구는 필자가 아는 한 의태의 존재에 대해 최초로 실험을 통해 증명한 것이다.

---

\* Muller, Johannes Peter(1801~1858): 독일의 생리, 비교 해부학자.

# 02
## 해발의 회피

    우리는 이제 주의를 끄는 것을 회피하는 종간의 시각적 적응이라는 두 번째 범주로 넘어가기로 한다. 이것은 모두 유형의 위장(Camouflage)을 포함한다. 위장한 동물들은 최선을 다해서 포식자의 반응을 해발시키는 그 어떤 자극이라도 주지 않으려 한다. 그들은 엄격하게 시각적 해발인에 대해 부정적으로 진화해 왔다. 이런 부정적 해발인에 대해서는 주의 깊은 연구를 통해 좀 더 발전된 결과를 얻을 수 있다. 또 동물들이 가장 쉽게 반응하는 자극의 종류, 즉 시각적 해발인의 연구를 통해 얻어낸 결과를 확인할 수 있다. 해발인이 대개 움직임을 통해 더 쉽게 눈에 띄게 하는 반면, 위장된 동물들은 가능한 한 움직임을 피한다. 해발인이 색깔이나 명암에서 주위 환경과 대조를 이루는 반면, 위장한 동물들은 주위 환경의 색깔에 스스로를 적응시킨다. 해발인이 간단한 패턴들을 제시하는 반면, 위장된 동물들은 그들의 윤곽을 지워 버리고, 주위 환경과 뒤섞이게 만드는 패턴을 가지고 있다. 경고색을 가장 특수화한 유형이 '눈' 모양의 반점이었던 반면에, 위장한 동물들은 그들의 눈을 감춘다. 필자는 여러분에게

코트의 적응색에 관한 책을 추천하면서 많은 예를 드는 것을 삼가하기로 한다.[13]

그런 보호 장치들을 가지고 있는 동물들은 인간의 눈뿐만 아니라 그들의 자연적 포식자의 눈에도 잘 띄지 않는다는 사실을 보여주는 실제 실험 증거가 있다. 가장 설득력 있는 실험은 섬너(Sumner)[85,86,87]가 연구한 것으로, 그는 주위 배경에 맞게 자신의 색깔을 천천히 변화시킬 수 있는 Gambusia라는 물고기를

사진 8 | 진짜 경고색을 나타내는 붉은나방 애벌레들: 포식자들은 그들에게 내재적 회피 반응을 보이지는 않지만, 그 색깔 유형이 불쾌한 맛을 나타내는 표시라는 것을 배우게 된다.

가지고 실험했다. 그는 색깔에 적응시킨 물고기와 아직 적응시킬 시간이 없었던 물고기들을 큰 물통 안에 넣어서 여러 종류의 포식자들(위에서 그들을 사냥하는) 왜가리, 펭귄(물속에서 사냥하는 새), 포식 물고기들에게 제시하면, 모든 경우에서 눈에 띄는 물고기들이 위장된 물고기보다 훨씬 더 많이 잡힌다는 것을 발견했다. 디스(Dice)[19]는 여러 색깔의 쥐들을 올빼미에게 제시했는데, 그 쥐들 중 몇몇은 다른 것보다 땅 빛깔과 닮았다. 그때 부

엉이가 실제로 잘 위장된 쥐를 먼저 잡는 경우는 드물었다. 이런 분야에 대한 대부분의 다른 실험들은 주위 환경의 색깔과 그 동물의 색깔이 전반적으로 닮았을 때를 다루고 있다. 위장의 다른 면들 즉 윤곽을 흐리게 하는 것, 눈을 숨기는 것, 그늘에 몸을 가리는 것(Counter Shading) 등의 연구 과제가 많이 남아 있다.

간단하지만 이런 식의 검토를 통해 해발인이 종 내의 사회적 교류에 사용될 뿐만 아니라 종간의 관계에서도 기본이 된다는 것을 보여 주기에는 충분했을 것이다. 해발인들은 늘 행위자에게 유용한 반응자의 행동을 유발한다. 그들의 주요 특징인 눈에 띄는 성질과 단순성은 종 내와 종간에서 다 마찬가지이다. 오히려 종 특이성도 몇몇 종간 해발인에서만 발견된다. 예를 들면 여러 경고색의 경우 종 특이성에 전부 필요한 것은 아닌 것 같다.

# 7장

## 사회 조직의 발달

# 01
## 분화와 통합

　동물들 간의 관계는 예를 들어 어미새와 새끼와의 관계는 개체와 그의 기관 중 하나와의 관계와 본질적으로 같은 것이다. 처음에 새끼는 어미의 몸속의 난세포 하나, 즉 난소라는 어미의 기관에서 하나의 세포에 불과했다. 그 알세포가 수정되면, 곧 떨어져 나가서 분화한다. 어미의 몸이 양분을 제공하고, 형태를 형성하고, 구조를 보호하는 수많은 복잡한 과정을 통해서, 그 알세포는 다소 독립된 개체인 하나의 알이 되는 것이다. 그 알이 어미의 몸을 떠나면, 그는 전보다 덜 의존적이 된다. 먹이와 산소는 더 이상 어미에 의해 공급되지 않는다. 그러나 완전히 독립적인 것은 아니다. 어미는 알을 부화시켜야 한다. 분화가 시작된다. 어떤 세포들은 피부가 되고, 어떤 것은 내장이 되며, 또 다른 것들은 두뇌가 되기도 한다.

　알이 깨어나면 그와 어미의 관계는 갑자기 변한다. 최소한 초기에는 계속 품어 주는 것이 필요하지만, 알들은 더 이상 변화하지 않고, 먹이를 먹이고 변을 치우는 어미와의 새로운 관계가 성립된다. 나아가서 새끼들은 소리와 경계음에 반응하기 시작한다. 이 새로운 관계는 알아내기는 쉽지 않지만, 그전보다 오히려 더 실질적이고 필요한 관계가 된다. 작은 변화들과는 별개로, 그 관계는 새끼들이 완전히 독립된 개체가 될 때까지 기능을 발휘한다. 많은 종에서 새끼가 독립하는 것은 때때로 어미 쪽, 혹은 새끼 쪽의 관심의 상실과 함께 동반되지만, 대개는 상호 관심을 갖지 않으면서 일어난다. 흔히 어미들이 강제로 새끼들을 쫓아냄으로써 선수를 친다. 이것은 어미들이 새로운 번식 주기를 시작할 때 일어날 수 있다. 또 다른 경우에는 어미와 자식 간의 유대가 점점 사회 동료 사이의 관계로 변해가고, 그 가족은 무리가 된다.

그러므로 이런 사회의 유형은 개체와 개체의 기관 중 하나와의 관계에서 시작하여 점차 개체들 간의 관계로 변해간다. 이러한 발전의 전형은 그 기관이 점점 독립되어 가고 분화되어 가는 것이다. 사회는 그의 기관의 계속적인 분화를 통해 한 개체를 발전시킨다. 그러한 분화는 사회적 곤충들의 '계층(States)'과 같은 극도로 복잡한 사회로 이끌어질 수도 있다. 필자는 우선 어미와 자식 간의 비교적 간단한 관계에서 시작해 보다 복잡한 유형으로 전개해 가면서 몇몇 실례를 들어 보기로 한다.

대부분의 곤충 계층들은 수태한 암컷에서 기원한다. 대부분의 곤충들은 알을 낳자마자 내버려 둔다. 그래서 그 '사회'는 결코 개체와 기관 사이의 관계를 넘어서지 못한다. 그러나 많은 벌과 말벌들은 알을 낳은 후, 깨어나서 유충이 되어도 계속 돌봐준다. 예를 들어 Ammophila Adriaansei(그림 62)과 같은 단서성(Solitary) 말벌은 대부분의 나나니벌(Digger Wasp, Ammophila Adrimnsei)이 그러하듯이, 유충에게 먹이로 마

그림 62 | 나나니벌(Ammophila Adriaansei)과 먹이(Baerends, 1941)

비된(움직이지 못하는) 먹이를 공급할 뿐만 아니라, 유충이 처음 저장된 먹이를 다 먹으면 새로운 먹이를 가져다 준다. 유충이 고치를 짓기 시작하면, 어미는 그를 떠난다. 어미는 새끼들이 부화된 뒤 오래지 않아 죽는다.

단서성의 벌 중에서, 이런 나나니벌들보다 더 높은 단계의 사회 조직에 도달한 몇몇 종을 찾아낼 수 있다. 예를 들어 구멍벌(Burrowing Bee, Halictus Quadricinctus)은 꿀과 꽃가루를 저장하여 알들에게 제공할 뿐 아니라, 유충이 깨어날 때까지 굴 안에 머무른다. 암컷은 그의 자식들과 제휴한다. 그 자식들은 굴을 떠나지 않고 넓혀서, 그 속에 알을 다시 낳고, 그 새들을 돌본다. 각 개체들은 자신의 유충들을 위해 먹이를 가져다 준다. 그러나 가을에 부화하는 마지막 세대는 사회적 성향이 없다. 그들은 둥지를 떠나고, 개체들은 흩어진다. 그들은 동면을 하고 그 가운데 살아남은 것들은 봄에 새로운 '가족(Family)'을 갖는다.

뒤영벌은 사회 조직에서 더 나아간 대단히 중요한 단계를 발전시켰다. 뒤영벌 사회는 암컷, 즉 '여왕(Queen)'에 의해 설립된다. 이 여왕은 자식들과 밀접한 접촉을 한다. 여왕은 가끔 유충들이 자라고 있는 벌집의 봉방을 열고 먹이 저장고를 다시 채운다. 첫 번째 유충들은 모두 암컷으로 자란다. 이 초기의 암컷들은 난소가 발달하지 못해 임신을 할 수 없다. 그들은 '일벌(Workers)'이 된다. 그때부터 여왕은 다소 알 낳는 기계처럼 되어 버린다. 일벌들이 다른 모든 일을 하는 것이다. 그들이 새 봉방을 짓고, 먹이를 모으러 날아다니고, 여왕과 자식들을 먹인다. 그래서 뒤영벌 사회는 구성원 개체 간에 분업이 이루어진다. 늦여름이면 알들은 더 완전히 성숙한 암컷과 수컷들이 된다. 이들은 짝을 짓고, 가을이면 그 대가족은 해체된다. 새롭게 수태한 암컷들 외에는 모두 죽는다. 이 미래의 여왕들은 때때로 독립하거나 옛 둥지에서 집단을 이루어 동면을 하지만 다음 봄이면 이들 각각은 새로운 사회가 세워질 수 있는 새 굴을 찾아다니기 위해 오랜 탐색을 시작한다.

사회성 벌로 가장 잘 알려진 꿀벌(Honey Bee)은 더 발달된 형태를 이루고 있다. 첫째, 분업은 절대적인 계급으로 수행된다.75 뒤영벌과 마찬가지로 여왕과 불임의 암컷, 즉 일벌과 수컷들이 있다. 일벌들은 사회에서 다양한 일을 한다. 그들 중 몇몇은 꿀을 모으고 다른 몇몇은 꽃가루를 모은다. 나머지는 다시 새 벌집만을 짓는 무리와 새끼 보살핌의 임무를 전문으로 하는 새끼들을 돌보는 무리로 나누어진다. 일의 분배는 나이에 따라 달라진다. 각 일벌은 살아 있는 동안 계속해서 자기 '임무(Offices)'가 있다. 한 일벌이 봉방을 빠져나온 후, 곧바로 다른 일벌들이 최근에 나온 봉방들을 쓸고 청소하기 시작한다. 청소된 뒤에야 여왕은 거기에 새 알을 낳는다. 사흘 정도 그 일벌은 이 일을 계속하다가 유충들을 먹이기 시작하는데 특히 그중 좀 오래된 것부터 먹이기 시작한다. 그러기 위해서 그 일벌은 저장고에 꿀과 꽃가루를 모은다. 그 후 3일이 경과하면, 어린 유충들을 먹이기 시작한다. 여기서는 다른 먹이가 필요하다. 꿀과 꽃가루와는 별도로 일벌의 머리에 있는 특정한 선에서 분비되는 소화되기 쉬운 일종의 '우유(Milk)'를 먹인다. 이때가 되면 그 일벌들은 생전 처음으로 과감히 밖으로 나간다. 짧은 정찰 비행을 하며 아직 꿀이나 꽃가루는 모아오지 않는다. 생후 10일째쯤 되면, 그 일벌은 그 이전의 일을 그만둔다. 새끼들에게 더 이상 흥미를 느끼지 못하고 여러 집안일을 한다. 먹이를 가지고 들어오는 벌의 꿀을 받아서 운반하여, 봉방에 저장하거나 다른 벌들에게 먹이기도 하며, 먹이를 가져오는 벌들로부터 꽃가루를 받아 꼭꼭 밟아서 화분 넣는 곳에 넣어두고, 밀랍선에서 분비되는 밀랍을 사용하여 새 봉방을 짓기도 하고, 죽은 벌이나 쓰레기를 치우기도 한다. 20일째가 되면, 그는 보초가 되어 벌통 입구에 서서 들어오는 모든 벌을 조사한다. 20마리에서 40마리까지의 보초들이 동시에 그 일을 한다. 그들은 각 침입자를 공격하고 몰아낸다. 그러나 그들은 보초로 오랫동안 남아 있지 않는다. 곧 그들은 먹이를 찾아다니는 벌이 되어 밖으로 날아가서 꿀과 꽃가루를 모은다. 이 일은 죽을 때까지 계속하게 된다. 먹이를 찾는 벌들 중에서도 일의 분화가 있다. 그들 중 몇몇은 '척후병(Scout)'이 된다. 그들은 먹이로 사용하던 식물의 종의 먹이가 떨어져 갈 때 새 먹이 식물을 발견한다. 그리고 '춤'을 통해 그들이 발견한 먹이가 있는 곳의 방향, 거리, 먹이의 종류를 알린다.

꿀벌 사회는 가을에 해체되지 않는다는 점에서 뒤영벌과 구분된다. 별다른 방해가 없으면, 매년 그 사회를 유지해 나간다. 그리하여 그 사회는 그 어느 구성 개체보다 더 오래 존재하기 때문에 이런 사회는 '국가 (States)'라고 불린다. 새로운 국가는 여왕 혼자에 의해서 세워지는 것이 아니라, 한 여왕과 모든 종류의 일벌들로 이루어진 '무리(Swarm)'에 의해 세워진다. 하나의 여왕을 가지고 있던 원래의 국가는 새 여왕이 태어나기 직전에 나누어진다. 옛 여왕은 무리를 이끌고 새로운 영토로 찾아간다. 가을이 되면 더 많은 무리들이 각각 젊은 여왕들을 앞세우고 벌통을 떠난다. 그래서 새 국가가 발전되어 나가는 과정은 세포 분열을 연상하게 한다. 두 경우 모두에서 이 낭생물체(Daughter-Organism)*는 독립적으로, 즉 자신의 힘으로 성장해야 한다.

개미의 경우 모든 종이 사회적인데, 새로운 무리는 여러 방법 중 한 가지 방법으로 설립된다. 많은 종의 개체들은 수태한 암컷들이 정착하여 알을 낳기 시작하는데, 새 무리의 첫 번째 일개미들이 여기에서 나오게 된다. 다른 종에서 여왕은 혼자 살아갈 수 없고, 수많은 일개미들의 도움을 얻어야 한다. 이들 종의 어떤 여왕은 추종자들과 함께 둥지를 떠난다. 또 어떤 여왕은 그녀 자신의 종의 둥지로 가서 원래의 여왕을 떠나도록 강요한다. 이들 종

---

* 낭생물체(Daughter-Organism): 여기서는 꿀벌의 무리가 새롭게 떨어져 나와 딸세포와 비유해서 쓰였음.

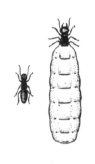

그림 63 | 흰개미 '왕'(왼쪽)과 '여왕'(오른쪽)

의 어떤 여왕은 다른 종의 둥지로 들어가서, 성체들을 모두 죽이고 알들을 양자로 삼는다. 이런 식으로 '노예 계층(Slavery)'이라는 기묘한 현상이 발생한다. 또 어떤 종에서는 둥지 하나에 여러 여왕이 있을 수도 있다. 때때로 그들 중 하나가 일개미들을 이끌고 새로운 군체를 찾아 나간다.

흰개미(Termites)의 사회는 개미 사회와 많은 점이 닮았지만, 모계(Mother-Family)에서 파생되는 것이 아니라, 한 쌍과 그의 자식들에서 파생된다. 암수가 똑같은 역할을 한다. 거기에는 왕 부부(Royal Couple)가 있다(그림 63). 일개미들도 같은 수의 암수로 이루어져 있다. 둘 다 새끼를 가지지 못한다. 때때로 날개가 달린 번식력이 있는 암컷들과 수컷들이 부화한다. 그들은 거대한 무리를 이루어 함께 굴을 떠난다. 무리를 지은 후 그들은 날개를 잃고 암컷들이 특이한 취선(Scent-Gland)으로 수컷들을 유인해서 땅 위에서 짝을 이룬다. 그러한 쌍의 구성원들은 아직 성적으로 성숙하지 못했다. 그들은 교미하지 않고 미래의 자식들을 수용할 흰개미 굴의 시초가 될 구멍을 먼저 판다. 얼마 후 교미를 하고 알을 낳는다. 흰개미의 유충은 벌이나 개미의 유충만큼 무기력하지 않아서 무리의 여러 활동에 참여한다. 그들은 점점 어른 일개미로 자라서 여러 '카스트(Castes)'로 나뉜다.

최근에 또 다른 방식으로 세워진 새 군체는 앞에서 언급한 개미들의 방식 중 하나와 유사하다고 말할 수 있다. 그라세(Grasses)와 느와르

(Noirot)[28]는 밀집된 행렬이 흰개미 집에서 나와서 그들의 여정 끝에 새 둥지를 짓는 것을 관찰했다. 그 행렬 중 하나에는 왕 부부가 포함되어 있었다. 열 속에 모든 카스트, 심지어 날개 달린 개체들까지 그 집단을 대표하고 있었다. 왕 부부를 포함하고 있지 않은 열에서는 '유형 성숙(幼形成熟, Neoteny)'을 통해 '보충 생식(Substitution Reproductives)'을 전개한다. 말하자면 마지막 변태가 있기 전에 이미 유충 상태로 성적 성숙에 이르게 된다. 그라세는 사회를 동등한 부분적 사회들로 쪼개는 것을 '사회 절단(Sociotomy)'이라고 명명했다.

사회 절단은 엄격히 말해서, 지금까지 논의된 모든 예처럼 어미와 알의 관계의 분화를 통해서 사회를 이루는 식의 새로운 사회 기원 양식은 아니다. 흰개미 사회에서는 아버지도 국가에 같은 비중을 차지한다. 그러므로 이런 기원 양식은 '성장' 혹은 '분화'라고 불린다.

그러나 모든 형식의 사회 조직이 이런 식으로 시작하는 것은 아니다. 많은 사회는 독립적인 개체들이 함께 모여서 교류해 나가는 과정에서 독립성을 잃으면서 성립된다.

이것은 예를 들어 암수가 한 쌍을 형성할 때, 찌르레기가 무리를 이룰 때 생길 수 있다. 전에 없었던 유대가 형성된다. 이런 식의 사회발전은 '건설(Construction)' 혹은 '통합(Integration)'이라고 불릴 수 있다. 분화와 통합의 두 과정은 정반대 방향으로 움직여간다. 통합에서는 한쪽의 완전한 의존성이 상호 협동의 상태로 발전한다. 즉 분화에서는 상호 협동이 완전한 독립성으로 발전한다.

# 사회 유대의 성립

    이 두 가지 유형에서 어떻게 협동이 발생하며, 어떻게 사회관계가 성립하는가? 우리는 앞에서 협동은 행위자가 생득적 행동 체계와 반응자의 행위자 행동에 대한 반응성(대개 생득적이다)의 체계에 의해 확립된다는 것을 알았다. 이런 행동 요소들이 만족스럽게 기능을 발휘하는 것은 대개 '미리 준비됨(Preparedness-Inadvance)'에 의해 보장되는 것이다. 새는 알을 낳기 얼마 전에 알을 부화시키려는 성향을 발전시킨다. 그리고 또 알들이 깨어나기 전에 새끼들에게 먹이를 먹이는 행동에 대한 준비가 되어 있다. 그러한 성향은 그들이 반응하는 외적 대상이 나타나 해발시키는 자극을 줄 때까지 보통 지배적으로 남아 있다. 비정상적인 상태에서, 그리고 가끔은 정상적인 상태에서도, 또 해발시키는 적당한 대상이 없는 경우에도 행동을 시도한다. 예를 들어, 많은 새들은 알을 낳기도 전에 둥지에 앉아 있기 시작한다. 그 새에게서 성숙한 것은 알에 반응하는 준비성뿐 아니라 알이 없을 때도 공공연한 행동을 하게 하는 충동이다. 우리는 인간의 여성에게서도 이와 비교되는 행동을 발견할 수 있다. 아이가 없는 여성은 흔히 그녀의 모성 본능을 만족시켜 줄 대체물, 즉 양자나 애완동물을 가지려고 한다. 많은 아이 없는 여성들이 남편에 대해서 기묘하게 서로 대립되는 태도를 취하여 남편들에게 배우자와 아이의 두 가지 역할을 하게 한다.

사회 설립의 통합 유형에서도 사회 협동은 같은 방법으로 이루어진다. 상대에게 반응하고 행동할 잠재성이 대개 미리 준비되는 것이다. 뱀눈나비도 큰가시고기도 그들의 사회적 혹은 성적 상대방을 알아차리는 법이나 반응하는 법을 배울 필요는 없다.

# 03
## 발전

둘 이상의 개체들 간의 관계가 성립되었다고 해서 관계의 발전이 늘 완성되는 것은 아니다. 여러 연속적인 변화가 일어나는데, 그것들을 이제부터 논의하기로 한다.

몇몇 경우 우리는 사회 행동의 증감과 같은 점진적인 변화에 주목하게 될 것이다. 그러한 변화는 큰가시고기 수컷의 새끼 돌보기 행동에서 연구되었다. 이들 중 하나가 '부채질' 동작인데, 이것은 수컷이 지느러미를 특이하게 움직여서 물의 조류를 둥지로 향하게 함으로써 알에 산소를 공급하고 이산화탄소를 제거하는 것이다. 알이 아직 어릴 때는 수컷의 시간 중 극히 작은 부분만 부채질하는 데 사용된다. 나중에 알이 더 많은 양의 산소를 요구하게 되면, 당연히 더 많은 이산화탄소를 제거해야 한다. 부채질하는 데 점점 더 많은 시간을 보내야 할 필요성이 생기는 것이다. 그의 행동의 증가는 부분적으로 알이 보내는 자극의 강도가 증가하기 때문이다. 3일된 알들이 들어 있는 둥지에 8일된 알들을 넣어 두었을 때 수컷의 부채질은 눈에 띄게 늘어날 것이다. 그러나 알이 자라가는 과정에서 부채질하는 것이 보통 증가하는 이유는 부분적으로 수컷의 내적 변화에서 기인한다. 둥지의 알들을 새 알들로 자꾸 바꾸어준다 해도 수컷의 주기의 여러 단계에서는 부채질이 항상 다소 떨어지는 것은 사실이지만, 첫번째 날의 수준까지 줄어들지는 않는다. 주기의 후반에 가서 우리가 새로 낳은 알들을 넣어 준다고 해도, 새 알들에 대한 수컷의 반응은 강렬한 것이다.

유사한 방법으로, 앉아 있는 새의 포란 충동도 시간이 지나감에 따라 증가한다. 이것은 알들이 죽거나 생식력이 없는 경우에도 마찬가지이다.

조류와 어류의 짝 형성(Pair Formation) 과정에서 좀 더 복잡한 유형의 점진적인 변화를 관찰할 수 있다. 버웨어(Verwey)[113]에 의해 왜가리(Blue Herons)의 짝 형성 과정이 잘 묘사되었다. 그 새들은 겨울 동안 혼자 지내다가 봄이면 번식지로 돌아간다. 수컷들이 먼저 도착해서, 지난해에 쓰던 둥지가 있는 곳에 자리를 잡거나, 새로 둥지를 지을 곳에 자리를 잡는다. 그들 각각은 거친 단음절의 '노래'를 부르는데, 인간의 귀에는 과히 유쾌하게 들리지 않지만, 암컷들에게는 매혹적으로 들리는 것이다. 암컷은 도착하면 선택한 수컷 근처의 가지에 앉는다. 수컷이 즉시 구애를 시작하지만 암컷이 그에 대한 반응으로 가까이 다가가면, 수컷은 암컷의 접근을 허용하지 않고 작은 접전, 혹은 심지어 맹렬한 싸움으로까지 번질 수도 있다. 암컷이 날아가 버리면 수컷은 즉시 광적인 울음소리를 내고, 그러면 암컷은 돌아서서 그에게로 다가간다. 이것 또한 적의 어린 반응을 불러일으킬 수도 있지만, 점차 공격성이 가라앉게 되고 새들은 서로에게 관

대해지기 시작하다가 드디어 짝을 짓게 된다.

상대에게 두 가지 방식으로 반응하는 것이 수컷에게는 분명하고, 암컷도 아마 그럴 것이라고 추정된다. 하나는 성적 반응으로 그들은 짝짓기를 위해 함께 끌리는 것이다. 둘째는 공격적 반응으로 아마 공포 혹은 도피욕과 섞여 있는 것 같다. 점차 성적 충동이 적개심을 극복한다. 여러 충동들의 상대적 영향력의 이런 변화는 부분적으로 새들이 서로 개별적으로 익숙해지는 학습 과정에 의한 것일 수 있다. 또 부분적으로 상대방으로부터 계속적이고 지속적인 성적 자극의 영향 아래에 성적 충동이 증가하기 때문일 것이다. 성 충동의 성장이 어떤 역할을 한다는 것은, 잦은 접전이 드물어지고 짧아지면서 그 계절의 후반에 짝이 형성된다는 사실에 의해 나타난다. 암컷을 2주일이나 기다리고 있던 수컷들은 암컷이 올 때 성적으로 강하게 동기가 부여되기 때문에 암컷을 거의 즉시 받아들이게 된다.

큰가시고기의 경우 짝짓기가 단지 수정만을 목적으로 이루어진다는 것을 보았지만 거기에도 섹스 파트너 간에 개인적 애착이 있다. 적개심에서 순수한 성적 행동으로의 변화는 전적으로 성 충동이 적개심을 극복했기 때문임은 의심할 여지가 없다.106 접근하는 암컷에 대한 수컷의 첫 반응인 지그재그 춤은 이 두 충동의 한 표현이다. 수컷 혼자 알을 수정시킬 수 있는 둥지로 헤엄쳐 가는 것은 순수하게 성적인 반응의 시작이다. 이것은 다음 두 가지 사실에서 분명해진다. (1) 이 지그는 어떤 조건 하에서는 수컷이 둥지까지의 전 길을 헤엄칠 때 완전한 '이끎(Leading)'으로 발전할 수 있다. (2) 이 지그는 성 충동이 가장 강할 때 가장 잘 나타난다. 재그는 암컷 쪽으로 가는 동작이다. 극단적인 경우에 이것은 실제 공격으로 발전하기도 하는데 이것은 공격 충동이 예외적으로 높은 경우에 발생한다. 수컷의 지그재그 춤에 대한 암컷의 반응은 수컷의 성 충동을 일으키는 강한 자극이 된다. 암컷이 수컷을 향해 돌아서면 수컷은 지그재그를 즉시 멈추고 둥지 쪽으로 헤엄친다. 이것 다음에 그 행동들의 전체적인 연결은(즉 둥지 쪽으로 헤엄치고, 둥지 입구를 가리키며, 떨며, 수정시킨다) 대단히 성적이다. 여기에서 수컷의 혼합된 행동인 지그재그 춤은 단지 암컷으로 인해 순전히 성적 행동으로 바뀐다. 그 이유는 암컷이 수컷의 지그재그에 대한 반응으로, 수컷의 행동의 균형을 잃게 해서 순수한 성적 행동으로 바꾸어 놓는 새로운 성적 자극을 주기 때문이다.

암컷이 산란하고, 수컷이 알들을 수정시킨 후 수컷의 행동은 즉시 공격적으로 바뀐다. 수컷은 암컷을 쫓아낸다. 이것은 두 가지 변화에 기인한다. 첫째, 수컷의 성 충동은 정액을 방출한 후에 급격히 떨어져서, 전에는 공격 충동과 균형을 이루었지만 이제는 더 이상 공격 충동에 미치지 못한다. 둘째, 암컷은 알을 낳고 나면 더 이상 부푼 배를 하고 있지 않기 때문에 수컷의 성적 반응을 유발하는 해발인 중의 하나를 상실한 것이다. 암컷은 이제 다만 공격 해발 자극을 줄 뿐이다. 사회 구조에서 많은 변화가 학습 과정의 결과로 일어난다.

이것은 흔히 사회 유대를 좀 더 특이적으로 한정한다. 어떤 행위자에게서 주어진 자극이라도 반응하기 시작했던 반응자가 어떤 특정 개체로부터 주어진 자극에만 그의 반응을 한정시키기 시작한다. 대개 이것은 비교적 단순한 유형의 학습으로 조건 지음으로써 얻을 수 있다. 어미 재갈매기는 며칠 동안 그들의 새끼에게만 조건을 짓게 되므로 그때부터 그들의 모든 새끼 돌보기 행동을 자기 새끼들에게만 한정하여 다른 재갈매기의 새끼들에 대해서는 무관심하거나 심지어 적의를 보이기도 한다. 1, 2, 3장에서 기술했듯이 이제 그러한 개인 관계가 많은 조류에서 잘 알려져 있다. 지금까지 알려진 바에 의하면, 그것들은 많은 포유류에서 더 중요한 역할을 한다. 그러한 개인 관계는 각 종에 특징을 나타내는 신호 자극에만 반응할 때는 확실히 존재할 수 없다. 조건화(Conditioning)는 분명히 그들을 더 많은 자극에 반응하게 하며, 그 자극은 그들에게 개체들을 구별하는 것을 가능하게 해준다. 이런 식별력은 흔히 놀라울 정도로 정확하다. 예를 들어 가장 유능한 관찰자라도 그들 개체를 다 식별할 수는 없다. 기껏해야 겨우 어미와 새끼 정도는 분간할 수는 있지만 많은 새들은 한눈에 그들의 배우자, 새끼들, 사회 동료들을 알아본다. 사람들이 이렇게 개체들을 식별하지 못하는 것은 부분적으로 훈련 부족 때문이다. 누구나 거위 또는 양의 집단과 밀접하게 교제할 때 모든 개체를 알아보는 법을 배운다. 그러나 필자는 그 동물들만큼 능숙하게 구별할 줄 아는 사람을 보지 못했다. 아마 각 종들은 자기 종의 개체를 가장 잘 구별하는 것 같다. 그러나 일부 개체에 국한된 반응의 신속성은, 대단히 미묘한 성질의 자극이 어떤 동물이 생득적으로 반응하는 신호 자극에 큰 대조를 이루면서 작용함을 가리킬 수도 있다.

이런 자극의 성질에 대해 무엇인가 말해주고 있는 문헌에는 일부 엇

갈린 견해들이 있다. 예를 들어 우리는 제비갈매기와 갈매기들이 소리와 시각으로 그들의 배우자를 알아본다는 것을 알고 있다. 소리로 알아본다는 것은 이들 종의 번식 집단에서 쉽게 관찰할 수 있다. 알을 품고 있는 새는 가끔 꾸벅꾸벅 존다. 은신처에서 그런 졸고 있는 새를 본다는 것은 멋진 일이다. 예를 들어 제비갈매기의 군체에서는 많은 새들이 이리저리 날아다닌다. 이 어미들은 교대로 한 시간 정도씩 알을 품는다. 앉아 있는 새는 많은 시간을 홀로 보낸다. 그는 날아다니면서 우는 대부분의 지나가는 새들에게 거의 신경을 쓰지 않는다. 그러나 자기 배우자가 도착하면 즉시 반응하고, 눈이 감겨있더라도 그 배우자의 소리에 반응해야 한다. 하루에 몇 번씩이라도 배우자의 소리에 그렇게 즉각 반응하는 것을 관찰하는 것은 어렵지 않다.92 그런 반응들은 대개 놀라울 만큼 정확하다. 배우자의 소리는 희미하고 멀어서, 수많은 새들이 내는 소음 사이에서 거의 들리지 않을 수도 있다. 그래도 잠자던 새는 번개같이 일어난다. 그러나 어떤 새는 주위가 조용할 때, 수많은 낯선 새들 가운데서도 그의 짝을 알아본다. 필자는 제비갈매기보다 재갈매기를 더 집중적으로 관찰했다. 결국 그들이 20m 떨어진 곳에서, 어떤 소리도 내지 않고 자기 배우자를 알아본다는 것을 알아냈다. 이런 시각 식별력은 아마 인간과 마찬가지로 머리의 여러 부분의 비율에 따른 얼굴 표정의 차이와 관련되는 것 같다. 사람들도 쉽게 동물들의 얼굴 표정의 차이를 알아볼 수 있다. 하인로스에 의해 새는 배우자의 얼굴이 가려지면 그를 알아보지 못한다는 사실을 가리키는 흥미로운 관찰을 했다. 그는 베를린 동물원의 한 백조가 짝이 물속에 머리를 넣고 '거꾸로 서 있을 때(Up-Ending)' 짝을 공격하는 것을 보았다. 그는 짝이 머리를 물 위로 들어 올렸을 때에야 즉시 공격을 멈추었다. 로렌츠는 회색기러기(Greylag Geese)에서 비슷한 관찰을 했다.[55]

이 문제에 대한 실험은 동물들이 너무 많은 세부 특징들에 즉시 반응하기 때문에 매우 어렵다. 분명히 새들이 알아보는 몇몇 특징을 변화시켜도 여전히 식별을 가능하게 하는 변화되지 않는 것이 많이 남아 있다. 우리는 재갈매기의 어미를 혼란시키려고 새끼들의 색깔을 한 번 바꾸어 보았다. 우리가 검댕으로 새끼들을 문질러서 검게 만들었을 때, 부모들은 놀란 것 같았지만, 목소리로 알아볼 수 있었기 때문에 새끼들을 받아들였다. 새끼들의 머리에 있는 검은 반점의 모양을 바꾸었을 때도 마찬가지였다. 그러나 우리는 몇몇 예비 단계의 실험을 넘어서서 이런 연구를 계속하지 않았다. 이런 식의 실험은 시간이 많이 걸리지만 그럴 만한 가치는 있는 것이다.

이제 몇몇 펭귄들이 다른 유형의 부모-자식의 관계를 발전시킨 것에 대해 언급해 보고자 한다.[74] 아델리펭귄(Adelie Penguin)*과 다른 종의 새끼들은 거대한 무리를 이루어서, 부모들에 의해 차별 없이 먹이를 얻어먹는다고 한다. 일부 저자들은 이 육아 조직(Creche System, 〈사진 5〉)은 떼 지어 몰려 있음으로써 열의 손실을 막아주는, 낮은 기온에 대한 하나의 적응이라고 여겼다. 몇몇 저자들은 샌드위치제비갈매기도 비슷한 육아 조

---

* 아델리펭귄(Ade1ie Penguin): 오스트레일리아 남쪽, 남극대륙의 해안 지방에 사는 펭귄.

직을 가지고 있다고 주장했다. 필자가 알아본 바에 의하면 많은 새끼가 떼를 지어 모여 있기는 하지만, 그들 각각은 개별적으로 대개 자신의 새끼들을 알아차리는 자신의 부모들에게 먹이를 얻어먹는 것이었다.

개체들 간의 관계는 아마 조건화로 아주 분명한 과정에 의해 좀 더 특이적이 될 수 있다. 하인로스는 다음의 놀라운 경험을 보고했다. 그는 수많은 새끼 거위를 부화기로 부화시켰다. 그들이 깨어나자 그는 막 새끼를 부화시킨 거위 한 쌍에게 데리고 갔다. 놀랍게도 부화기로 깨어난 새끼들은 이 거위들과 교류를 맺지 않고, 그가 그 새끼들을 한 쌍의 거위에게 데려다 놓을 때마다 다시 하인로스에게로 돌아오는 것이었다. 분명히 그 새끼들은 그를 '어미 거위'라고 여기는 눈치였고, 그들 자신의 종을 알지 못하고 있었다. 그는 그 새끼들을 어른 거위에게 보여주기 전에 그를 볼 기회가 없었을 때는 이런 일이 발생하지 않았다는 것을 알았다. 나중에 로렌츠도 새끼 거위와 다른 여러 종의 오리들에게서 같은 경험을 얻게 되었다. 분명히 그런 새의 새끼들은 그들 자신의 종이 무엇을 닮았는지를 배워야 하고, 그들은 이것을 대단히 짧은 시간 내에 배운다. 거위에게 이것은 시각을 다투는 문제인 것 같다. 이 기묘한 과정은 '각인(Imprinting)'이라고 하는데, 로렌츠에 의하면 이것의 특징은 짧은 시간에 이루어진다는 것과 되돌리거나 취소할 수 없다는 것이다. 일단 새끼 거위가 인간에게 달라붙게 되면, 오랫동안 거위들과 살게 해도 그 자신을 거위로 여기게 하는 것이 불가능해진다. 그러나 여기에 대한 설들이 아직 서로 대치되고 있으므로 좀 더 발전된 연구가 필요하다.

물론 이것은 새끼 거위들이 자신의 사회 동료들이 어떻게 생겼는지에 대한 아무런 지식도 없이 태어났다든가, 그들이 부모에게서 주어지는 자극에 생득적으로 반응하지 못한다는 것을 의미하는 것은 아니다. 그들이 인간 대용물이나 다른 동물의 종에게 달라붙기는 하지만, 대개 식물이나 무생물에게는 그러지 않기 때문에, 이런 대용물들은 반드시 새끼 거위가 반응해야 할 자극을 주어야 한다는 것을 알 수 있다[뉴그라운드(New Grounds)의 푸른눈거위(Blue Snow Gander)는 예외였는데, 그는 개집 모양의 둥지에도 분명히 각인이 되었다].[81] 이런 자극 중의 하나는 동작이다. 로렌츠와 필자는 한때 부화기로 깨어난 이집트 거위를 가지고 이것을 실험해 본 적이 있다. 우리는 빈방에 뚜껑을 닫은 상자를 놓고 그 속에 새끼 거위를 넣었다. 우리가 그 새끼 거위를 풀어 주었을 때 새끼 거위는 구석에 움직이지 않고 앉아 있었는데 그는 우리 중 어느 쪽으로도 오지 않고, 광란적으로 울면서 방의 가운데에 무기력하게 서 있었다. 베개를 방에 던졌을 때 새끼는 그것을 쫓아갔으나, 움직이기를 멈추자 곧 그것을 버렸다. 패브리시우스(Fabricius)[21]는 새로 깨어난 검은댕기흰죽지오리(Tufted Duck)와 다른 종들의 새끼들을 대상으로 이런 종류의 좀 더 광범위한 실험을 했다.

그는 동작과 울음소리가 어미에 의해 주어지는 자극이라는 것을 발견했다. 그러나 동작은 그것들만으로는 작용하지 않으며, 몸의 나머지 부분에 관련해서는 몸의 부분이 즉 사지가 움직이는 것이 필요하다. 새끼 오리들은 흔드는 손에 가장 기꺼이 반응하며, 움직이지 않게 고정시킨 검은

댕기흰죽지오리에 거의 주의를 기울이지 않는다는 점에서 동작은 중요한 것이었다. 각인이 가능한 민감한 기간은 깨어난 후 약 36시간까지 지속된다. 새끼를 단지 18시간 고립시켜 두었다가 양부모와 접촉시켰을 때 완전히 각인되는 것은 실패했다.

노블은 열대 담수어인 키클리드에서 비슷한 과정을 발견했다. 보석고기(Jewel Fish, Hemichromis Bimaculatus)에서 부모들은 그들의 새끼들에게 각인된다. 3장에서 서술했듯이, 노블은 알을 바꿔치기함으로써 경험이 없는 한 쌍의 물고기에게 다른 종의 새끼를 각인시킬 수 있었다. 그들은 자신의 새끼들을 결코 받아들이지 못하기 때문에 이후의 번식도 실패했다.

이 각인은 개체 식별로까지 가지는 않으며, 그 식별은 거위와 오리들의 경우, 후에 그리고 더 천천히 이루어진다. 열대 담수어 키클리드의 경우 부모들은 새끼들을 개별적으로 식별하지 못하는데, 한 배의 새끼들이 수백 마리에 달할 수 있다는 것을 고려하면 그것은 너무 많은 것을 요구하는 것일 것이다.

분명히 각인은 더 주의 깊은 연구를 할 가치가 있다. 이것은 새들이 깨어나자마자 어떤 자극에 반응하는지를 알아보는 것이 흥미로울 뿐만 아니라, 각인이 실제 어떤 효과를 가지는지, 왜 많은 경우 잊히거나 변화될 수 없는 것인지를 연구할 필요성이 있기 때문이다.

더 연구해보면 인간 각인(Human-Imprinted)된 거위의 행동은 생득적 반응에 의해 얻은 기묘한 혼합을 보여주었다. 인간 부모를 따르는 새끼 거위들은 야생의 새끼들이 그들의 부모들을 따를 때보다 더 뒤로 처진다. 이것은 부모에 의해 이루는 각도에 의해 결정된다. 새끼들은 다른 새끼 거위들이 보통 어미 거위에게 그러듯이 인간이 이루는 각의 거리만큼 떨어져 있는데, 인간이 훨씬 크므로, 거리가 늘어날 수밖에 없는 것이다. 인간 어미가 수영을 할 때는 물 위로 보이는 부분이 거위보다 훨씬 낮으므로, 새끼들은 이에 맞추어서 매우 가까이 다가온다. 인간이 그의 머리를 천천히 물속에 잠기게 하면, 새끼들은 점점 가까이 다가와서, 마침내 그의 머리에까지 기어오르는 것이다.

로렌츠의 새끼 거위들은 날기 시작한 후에도 계속 그와 교제를 했다. 비록 그는 그들의 비행에는 참가할 수 없었지만, 그들은 서로의 존재에 다소 만족해서 가끔 주위 지방을 여행하기 위해 날아오르곤 했다. 가끔 내려앉을 때마다 그들은 최대한 빨리 달려서 로렌츠 쪽으로 가곤 했다. 왜 그들이 야생 거위가 그의 부모에게 하듯 로렌츠에게 가까이 내려앉지 못하는가가 우연히 발견되었다. 로렌츠는 날아가는 거위와 보조를 맞추기 위해 길을 따라 자전거로 가고 있었다. 한번은 그의 새들을 보려고 하늘을 바라보다가, 그는 길가에 있는 잔디밭에 넘어졌다. 즉시 거위들은 그의 가까이에 내려앉았다. 이후로 그는 항상 빨리 달리고 팔을 펴서 아래로 떨어뜨리는, 내려앉으려는 거위의 동작을 모방함으로써 새끼들을 내려앉도록 유도할 수 있었다. 이 동작에 대한 반응은 거위에게 생득적인 것임에 틀림없었다. 그들을 각인시킨 양부모인 사람에게도 이런 해발인을 기대하는 것이다.

각인이 좀 더 특수화된 형태이든 아니든 간에, 부모에게 조건화되는 과정에는 또 다른 흥미로운 일면이 있다. 새끼 갈까마귀(Jackdaw)가 인간의 손에 의해 자라나면 그는 인간 양부모에게 달라붙게 된다. 그 새끼는 그의 일행이 되어 그에게 먹이를 요구한다. 그렇게 인간의 손에서 자란 새끼가 날기 시작하면, 더 이상 인간에게 만족하지 못하여, 비행을 포함한 모든 활동을 다른 새들과 함께한다. 근처의 야생 갈까마귀나 까마귀가 그의 비행 친구가 된다. 성적 성숙이 되면, 갈까마귀와 오래 사귀었음에도 불구하고, 구애를 인간에게 함으로써 아직 그의 교육이 흔적을 나타내고 있음을 보여 준다. 계절의 후반에는 그의 어미 본능(Parental Instinct)이 깨어나서, 인간의 아기가 아니고 갈까마귀 새끼를 택한다. 그러므로 그 갈까마귀가 주의를 기울이는 대상은 어떤 본능이 솟아나느냐에 달려 있다. 어떤 갈까마귀는 로렌츠 교수의 '조크(Jock)'[57]로 조류학자들 사이에서 유명했는데, 그 갈까마귀는 그의 양아버지를 부모로 여기고 회색까마귀(Hooded Crow)를 먹이 구하는 사회 동료로, 어린 소녀를 그의 남편으로, 어린 갈까마귀를 그의 아기로 삼았다.

이런 기묘한 관계는 비정상적인 조건 하에서 발전되는 것이지만, 사회 조직을 담당하는 과정에 대해서 무엇인가를 보여 준다. 이것은 그러한 동물들이 그들의 환경, 특히 그의 종의 동료들을 특별한 개개의 방식으로 알아차린다는 것을 나타낸다. 그들은 우리가 추정하듯이 '저것이 나의 모습과 닮은 것이다' 하는 식으로 배우거나 모든 사회 활동을 자신의 종으로 돌리는 것이 아니라, 그들의 행동 유형의 다양한 부분이 동료들의 다양한 자극에 반응하는 것이다. 이런 모든 자극이 실제로 그 종의 모든 구성원들에 의해 주어지기 때문에, 그에 대한 반응들의 계속 변화하는 복잡성은 명백해지지 않는 것이다. 그래서 비정상적인 조건 하에서는 이것이 나타난다.

# 04.
## 결론

　여러분이 인지했듯이 사회 구조 발전에 대한 지식은 여전히 단편적인 것이지만, 우리가 아는 적은 지식으로 한 가지는 분명하게 할 수 있다. 많은 동물 사회는 놀랄 만큼 적고 단순한 관계의 작용에 기인하고 있다. 사회가 단순한 몸과 기관의 관계에서 분화한 것이든, 두 개의 독립된 개체가 하나의 조직으로 결합된 것이든 해발인 체제(Releaser-System)에 바탕을 두고 있는 개체들 간의 관계는 필요하며, 혹은 그 이전에라도 작용하기 시작한다. 잠재적 가능성이 늘 미리 준비되어 있다. 관계가 시작되면 여러 가지 변화가 일어날 수 있다. 이런 변화는 기본 충동들의 강도가 변하거나 학습 과정에 기인할 수 있다. 동물들은 그 자신의 종에 대한 각인 조건(Imprinting Condition)과 다른 학습 과정이 개인적 관계를 만들 수 있다.

# 05
## 조절
·······

　사회가 조직되는 방식을 연구하다 보면 사회와 개체 간에 많은 유사점이 있다는 것에 놀라게 될 것이다. 둘 다 구성 부분들로 이루어져 있다. 즉 개체는 기관들로 이루어져 있고 사회는 개체들로 이루어져 있다. 둘 다 구성 부분 간에 일의 분배가 이루어지고, 구성원들이 전체의 이익을 위해, 또 그것을 통해서 자신의 이익을 얻기 위해 협동한다. 구성 부분들은 주고받는다. 그리하여 그들은 독립해서 혼자 살아갈 수 있는 능력의 일부를 잃는 만큼 그들의 '주권(Sovereignty)'의 일부를 잃는 것이다. 주권의 상실은 그 부분들이 전체의 이익을 위해 생명을 바쳐야 하는 순간으로까지 이끌어갈 수 있다. 개체의 피부 세포들은 끊임없이 떨어져 나간다. 도마뱀은 꼬리 없이 몸의 나머지 부분만으로 살아갈 수 있고 꼬리를 재생시킬 수 있기 때문에, 몸 전체를 위해 포식자에게 꼬리를 남겨놓고 온다. 어미 오리는 새끼들을 보호하기 위해 생명을 바치기도 한다. 개체에 있어 전체에서 파생되는 부분들의 이익은 분명한 것이다. 따로 떨어져 나온 근육은 오랫동안 살 수 없다. 꿀벌에서 떨어져 나온 일벌이나 관해파리(Siphonophore)에서 떨어져 나온 폴립(Polyp) 역시 마찬가지이다. 개체들이 고립해서 살 수 있는 많은 경우에도 3장에서 알아본 바와 같이 떼를 지어 살 때 얻을 수 있는 많은 이익을 얻지 못하는 것이다. 개체를 구성하고 있는 기관들의 경우, 혼자 살아간다는 것은 사회 속에서 개체가 혼자 사는 것보다 분명히 더 어렵다. 여기에서부터 개체(Individual)라는 이름이 파생되었다. 그러나 그 차이는 정도의 문제일 뿐이다. 그러나 치명적인 결과를 일으키지 않고 잘 분리될 수 있는 개체들도 있다; 촌충(Tape Worms), 플라나리아(Planarias), 말미잘(Sea Anemones)은 나누어질 수 있다.

개체와 사회의 비교는, 사회의 개념을 사회학자들 사이에서 대단히 많이 쓰이는 '초생물체(Super Organism)'의 개념으로 이끌어가게 한다. 물론 이것에 지나치게 이끌려서는 안 된다. 생물체와 사회는 일치될 수 없는 것이다. 그러나 그것이 모든 경우, 조직과 협동의 문제를 제시하면서, '진행 중인 것(Going Concern)'에 관련되어야 한다는 것을 깨닫게 하는 데 도움이 된다. 개체와 사회의 주된 차이점은 융합의 단계 문제이다. 사회에서 융합은 개체보다 한 단계 뒤떨어져 있는 것이다.

지금까지, 우리는 사회의 정상적인 기능에 대해 공부했다. 무언가 비정상적인 것이 일어난다면 어떻게 될까? 몇몇 경우 개체가 비정상적인 조건들에 적응하는 방식으로 반응할 수 있다는 것은 잘 알려져 있다. 개체는 정상적인 상황에서도 노출되어 수많은 파괴적인 영향들과 부딪쳐서 견뎌낼 수 있을 뿐만 아니라, 어떤 위급 사태에도 대처할 수 있는 것이다.

이것을 소위 '조절(Regulation)'이라고 한다. 몸의 일부가 부상당했을 때 너무 광범위하지 않으면 아물어지는 것이다. 만약 그렇게 되지 않으면 다른 부분이 그의 기능을 할 수 있다. 러셀(E. S. Russell)78은 이런 놀라운 능력의 여러 실례를 들었다. 그러한 조절은 어떤 의미에서는 정상적인 활동의 연장에 지나지 않는다.

상처를 입은 후에 개체 몸의 일부가 재생되는 것은 일종의 복귀에 의해 세포 집단들이 배아 세포(Embryonic Cells)의 상태와 같은 것으로 되돌아감으로써 이루어지는 것이다. 즉 성장주기가 새로 시작되는 것이다. 몸의 잃은 부분의 기능을 다른 부분이 대신할 때 무언가 다른 것이 발생한다. 다시 생겨난 부분은 그의 정상적인 기능을 확대하고, 정상적인 조건 하에서는 결코 전에는 감지할 수 없었던 잠재 가능성을 깨닫게 된다.

유사한 조절 현상이 사회에서도 발생할 수 있다. 여기서도 역시 구성 개체들이 되돌아가서 새로운 주기를 시작하는 것이다. 다른 경우에는, 비정상적인 조건들의 개체들이 그 조건이 아니면 하지 않았을 일들을 하도록 할 수도 있다. 그들은 잃어버린 개체의 임무를 맡아야 한다. 이런 목적을 위해서 그들은 위급한 경우 발휘하려고 준비한 수많은 기구들을 가지고 있다.

새들이 그들의 새끼를 잃었을 때, 그들은 흔히 새로 시작한다. 아무 일도 없었던 것처럼 부화 단계에서부터 새끼들을 보호하는 단계에까지 계속 나아가지 않고—이것은 그 종에 아무 도움을 주지 못한다—그들은 깊은 변화를 겪는다. 그들의 고환과 난소는 새로 성세포들을 만들어내고,

구애를 시작해서 교미를 하고, 둥지를 지어서 알을 낳는다. 이런 유형의 조절 능력은 모든 종에 공통된 것은 아니지만 대부분의 새들은 이런 능력을 가지고 있다.

뢰쉬(Roesch)[75]는 그러한 '재생'의 가장 멋진 예를 꿀벌에서 발견했다. 6장에서 기술한 대로 벌 사회에서는 여러 나이 집단 사이에 엄격한 일의 분화가 이루어진다. 이 나이 집단 중의 하나를 인위적으로 제거했을 때, 다른 집단이 그 집단의 임무를 물려받음으로써 그 초생물체를 구한다. 예를 들어 모든 꿀과 꽃가루를 가져오는 집단을 제거한다면—대개 20일 정도 된 벌이다—보통 애벌레를 기르고 있던 6일 정도 된 어린 벌들이 날아가서 먹이 구하는 벌이 된다. 만약 봉방 짓는 벌들이—대개 18일에서 20일 정도 된 벌들이다—제거된다면, 아직 먹이 찾으러 나가는 단계에는 이르지 못했지만, 전에 한 번 지어본 적이 있는 벌들이 그 임무를 떠맡게 된다. 끝에 가서는 행동을 변화시킬 뿐만 아니라, 밀랍선도 다시 재생시킨다. 이런 조절 기작은 아직 알려지지 않고 있다.

육식조의 암수는 새끼를 먹여 살리는 데 다른 임무를 갖고 있다. 수컷은 사냥을 하고, 암컷은 새끼를 보호한다. 수컷이 가져온 먹이는 암컷에게 건네고, 암컷은 그것을 잘게 찢어서, 조그만 조각들을 새끼에게 먹인다. 새끼들은 반쯤 자랄 때까지 혼자서 먹이를 잡는데 완전히 숙달되지는 못한다. 일의 분담이 하도 엄격해서 이 기간 중에 암컷이 죽으면 새끼들을 대개 잃게 된다. 그러나 몇몇 경우에는 수컷이 잠시 지체한 뒤에 암컷이 하던 방식으로 새끼들을 먹이기 시작한다. 이런 식의 행동은 정상적인

상황일 때는 수컷들에게서 한 번도 관찰되지 않았다.[90]

정상적으로는 나타나지 않으나 항상 준비된 행동의 활동을 통해 좀 더 작은 조절들을 빈번히 관찰할 수 있다. 3장에서, 어떤 이유에서 암컷이 둥지에 있으려 하지 않을 때 흰죽지꼬마물떼새의 수컷이 어떻게 암컷을 둥지로 몰아넣을 수 있는지를 기술했었다. 필자는 댕기물떼새의 수컷이 그의 경계음에 답하지 않는 다 자란 새끼를 고양이로부터 피하게 하려고 애쓰는 것을 보았다. 많은 명금류들은 정상적인 자극이 효과가 없을 때 입을 벌리지 않는 새끼들의 입을 벌리기 위해 특이한 행동을 하기도 한다.

물론 정상과 비정상 사이에 선을 긋는다는 것은 어려운 일이다. 여기서 '정상'이란 '흔히 관찰되는' 이상의 것을 의미하지는 않으며, 비정상이란 좀 더 드문 경우이다. 그리고 모두가 가능한 중간 단계가 있다. 그러나 개체이든 사회이든 간에 모든 '조절들'이 같이 적용된다. 이것은 모든 조절이 단지 정상 생활 과정의 연장에 지나지 않음을 또다시 나타내 주고 있다. 이런 점에서 정상 생활 과정은 조절 과정보다 더 신비한 것도 덜 신비한 것도 아니다. 조절 과정은 정상 생활 과정과 전적으로 분리된 문제를 제시하는 것은 아니다. 정상적인 협동이 분석될 수 있음을 깨달을 때 우리는 같은 방법을 조절에도 확실히 적용할 수 있다. 이미 준비된 기작이 일상 사용하는 기작들과 근본적으로 다를 필요는 없다.

:

# 8장

# 사회 조직의 친화력 관점

# 01
## 비교 연구법

우리에게는 사회 조직 역사에 관한 증거가 없다. 화석은 과거 동물들의 행동에 대해서는 거의 아무것도 알려주지 못한다. 그러므로 우리는 직접적으로 사회 조직의 역사를 공부할 수 없다. 그러나 현재 종들의 사회 조직을 비교함으로써 그것에 대해 무엇인가 배울 수 있을 것이다. 비교는 형태학에서 이런 목적으로 광범위하게 사용하는 방법이다. 그것을 사회 행동에 적용시키기 전에, 그것이 어떻게 형태학에 적용되었는지 개괄해 보기로 한다.

비교에서 첫 번째의 단계는 유사점과 상이점을 공부하는 것이다. 이런 기준에 따라 비슷한 동물들을 함께 한 집단에 넣고, 비슷한 집단들을 함께 더 큰 집단에 넣는 등의 방법으로 동물들의 종을 집단으로 정리하는 것이다. 유사성은 근친 관계의 증거로 취급된다. 유사성을 판단할 때 한 가지 어려움에 부딪히게 된다. 종이나 집단 간의 닮음이 피상적이어서 '가짜' 근친 관계가 될지도 모른다는 것이다. 예를 들면, 고래와 물고기를 처음 보았을 때는 둘이 굉장히 많이 닮은 것 같다. 좀 더 정밀하게 조사

해보면, 이 유사성은 둘 다 유선형의 어뢰 모양을 하고 있다는 것에 바탕을 둔 것으로 나타났고, 이 성질이 우리에게 잘못된 인상을 준 것이었다. 그러나 다른 많은 점에서 그들은 크게 다르다. 골격, 피부, 콧구멍, 번식 등이 다 다르다. 이런 모든 점에서 고래는 어류보다 포유류를 닮았으며, 그런 특성들이 훨씬 많음으로 해서 필연적으로 고래는 어류보다 포유류와 더 가까운 근연 관계가 된다는 결론으로 기울어지는 것이다. 고생물학(Palaeontology)이 이 결론을 뒷받침해 준다.

고래가 어류를 닮은 것은 그들이 유사한 환경에 적응해 오면서 비슷하게 적응을 돕는 유선형으로 발전시켜 왔기 때문이다. 이런 유사한 적응 현상은 많은 동물들에게 일어났으며 이것은 수렴(Convergence)이라고 알려져 있다. 수렴은 매일의 생활 과정에서 '구조(Structure)'로 이끌어가는 성장, '기능(Function)'으로 이끌어가는 성장에서 흔적을 찾을 수 있다. 물론 '구조'와 '기능'은 기능적 구조라는 하나를 가지고 둘로 나눌 뿐이다. 수렴은 대개 고래와 어류, 박쥐와 새, 갈매기와 북방펄머갈매기(Fulmar, 섬새과의 물새의 일종) 등에서 발견된다. 기관들을 통해 흔적을 찾아볼 수도 있는데, 곤충과 포유류의 촉각 기관, 두더지(Moles)와 땅강아지(Mole-Crickets)의 굴파는 앞다리는 수렴 기관이다. 근친 관계를 평가할 때는, 수렴을 버리고 진정한 닮음, 즉 상동(Homology)이 유일한 기준이 되어야 한다.

한 집단의 동물들을 비교할 때 그들 모두에게 공통되는 일반적인 유형을 발견할 수 있다. 이런 유형에서 많은 점이 다른, 종이나 종들의 집단(속,

屬)은 이런 점들에서 일반적인 체계로부터 갈라진 것으로 생각된다. 이런 점에서 일반적인 유형에 가장 부합하는 것은 원시 조상들과 더 유사한 것으로 여겨진다. 고래와 박쥐는 생활환경에서 적응함으로써 분화되었으며, 다른 점에서 그들은 단지 보통의 포유류인 것이다.

한 집단의 다양한 종, 큰 집단의 다양한 작은 집단은 같은 방향에서 발전한 것일 수도 있지만, 그중 하나가 다른 것보다 더 발전된 것일 수도 있다. 이것은 흔히 종을 가장 분화된 종과 중간 단계를 거쳐 덜 분화된 종으로 정리함으로써 진화의 추세를 탐지하는 것을 가능하게 한다. 이 방법에도 오류를 범하지 않기 위한 많은 주의가 필요하다. 한 집단 내에서 우리는 좀처럼 한 동물을 다른 것보다 덜 분화되었다고 여길 수가 없는 것이다. 어떤 점에서는 그것이 덜 분화되어 있을 수도 있고, 다른 점에서는 더 분화되어 있을 수도 있는 것이다.

# 02
## 사회 조직의 비교
··········

　행동의 비교를 적용함에 있어, 우리는 이미 계통 분류에 대한 일반적인 윤곽을 잡을 수 있는 행운을 차지했기 때문에 300년 전에 시작된 형태학보다 훨씬 더 유리한 위치에 있다. 예를 들어, 우리가 오징어(Cuttlefish)의 짝짓기 행동의 기저에 있는 사회 조직이 물고기와 대단히 유사하다는 것을 발견했을 때, 형태학적 연구가 이미 어류와 오징어는 전혀 근연 관계가 아니라는 것을 보여 주었기 때문에, 잠시 동안 이것이 둘 사이에 실제 근연 관계가 된다는 증거라고 믿지 않는다. 지느러미나 눈과 같은 어떤 형태학적 유사성은 수렴되며, 짝짓기 유형에서의 유사성도 마찬가지이다.

　반면에, 근연 관계에 있는 종의 짝짓기 유형을 비교할 때는 그들의 유형이 상동이라고 마음 놓고 추정할 수 있다. 그래서 우리는 큰가시고기가 지그재그 춤을 추면서 처음에는 암컷을 이끌다가 그다음 암컷을 공격하는 것, 반대로 잔가시고기에서는 먼저 암컷에 대한 공격이 이루어지고, 그다음에야 이끌어가는 것, 또 바다큰가시고기(Sea Stickleback, Spinachia

Vulgaris)는 암컷을 공격하기만 할 뿐 암컷이 먼저 나설 때까지 암컷을 이끌어가지 않는 것을 볼 때, 우리는 세 가지 형태가 근본적으로 같은 행동 유형이라고 추정해야 한다. 근연 관계의 종들에서 짝짓기 유형이 매우 다르다 해도 그들이 진화해 온 것에서부터 같은 뿌리를 찾으려는 시도를 통해 정당화시킬 수 있다.

이런 관점에서 행동은 거의 체계적으로 연구되지 않았다. 그러나 사회 행동은 생식 격리의 다양함과 이를 통해 종 형성에 유리하게 작용했기 때문에 특별히 좋은 기회를 제공한다. 이것은 근연종의 사회 조직이 대단히 빨리 다양화되었기 때문에 확실히 상동 행동들은 계통 발생 연구를 하는데 아주 적합할 것이다.

형태학에서와 같이 각각의 수준을 비교할 수가 있다. 즉 사회의 수준에서, 짝짓기와 같은 좀 더 작은 수준에서, 그리고 단일 해발인과 같은 하나의 요소의 수준에서 비교할 수 있다. 충분한 데이터를 통해서만이 이런 모든 비교가 타당하다.

여러 유형의 벌들의 사회 조직을 비교할 때, 우리는 대부분의 종이 단서성이며 꿀벌(그리고 그 근연종)은 예외적으로 수천의 개체들이 협동하여 고도로 복잡한 '국가'를 형성한다는 것을 발견했다. 사회성이 그 집단에서는 분명히 예외적이기 때문에, 벌은 원래 단서성이었다고 결론짓게 된다. 7장에서 살펴본 바에 의하면 어느 정도까지 사회적인 벌들의 집단이 있었는데, 이것은 이런 점에서 중간 수준의 위치를 차지한다고 볼 수 있다. 또 어느 정도까지 이루어지긴 했지만 단서성, 단서성과 사회성의 중간,

고도로 사회적인 집단을 비교함으로써 사회 조직은 어미와 자식으로 이루어진 가족에서부터 발전하여, 처음에는 어미와 새끼 간의 교류가 있다가 협조의 복잡성이 점점 증가함에 따라 일의 분업이 발전되었다는 것을 살펴보았다.

단서성인 개미는 없기 때문에, 개미들은 이 주제를 이야기하는 데는 보탬이 되지 못한다. 단서성의 흰개미도 없다. 그러나 개미와 흰개미를 비교함으로써 특별나게 광범한 수렴의 예를 발견하게 된다. 흰개미의 사회 조직은 개미나 벌의 근원과는 다른 근원에서 나온 것이다. 왜냐하면 흰개미 사회(사회적 바퀴)에서는 수컷들이 모든 카스트를 대표하고, 그들의 국가는 암수와 그의 자식들로 형성된 가족에서 발전된 것이기 때문이다. 잘 알려진 사실이지만, 개미와 흰개미 사이에는 세밀한 점에서도 유사한 점이 많다. 예를 들어 '군대(Soldiers)'는 둘 모두에서 발견된다(그림 64)와 그림 65)).

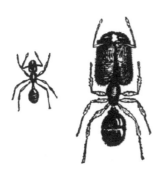

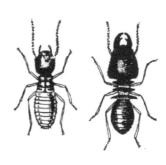

그림 64 | 일개미(왼쪽)와 병정개미(오른쪽)

그림 65 | 흰개미의 일개미(왼쪽)와 병정개미(오른쪽)

그림 66 | 과시하는 농게의 수컷(Verwey, 1930)

이제 전반적인 사회 조직에서 그것의 부분들로 내려가다 보면, 우리는 다시 한번 상동과 수렴을 확증시켜 볼 수 있을 것이다. 이것은 짝짓기 유형에서 가장 두드러진다. 시각적으로 잘 갖추어진 집단에서 우리는 흔히 성적 이형(Sexual Dimorphism)을 발견하게 된다. 수컷들은 눈에 띄는 색깔 유형을 과시하거나 특이한 과시 의식을 행한다. 농게(Fiddler Crab, 그림 66)[16,112]의 수컷, 오징어의 수컷, 투어(Fighting Fish, Betta Splendens)[52]의 수컷, 도마뱀 수컷, 새의 수컷들이 이런 것을 보여준다. 그들은 다른 수컷들을 위협하기 위해 현란한 색깔을 사용한다. 또 그들은 자기종의 다른 구성원과 싸우거나 구애를 해야 하기 때문에 잠재적으로 상반되는 반응이 암컷의 특이한 반응에 의해 순수하게 성적인 방향으로 이끌어지는 것이다. 몇몇은 투어 혹은 비둘기와 같이 공격적인 면이 지배적이고, 또 다른 몇몇은 성적인 면이 지배적이어서, 그들의 적수가 특이한 해발인을 제공했을 때만 싸우도록 자극할 수 있다. 이것은 오징어와 대만오리(Muscovy Duck) 대만오리(Muscpvy Duck): 파라과이, 브라질 북부 등지의 열대 아메리카산 오리.

에서도 발견된다. 새들의 기묘한 '구애장' 조직은 현란하게 채색된 수컷들이 공동 구애 장소에 모여들어서 교미를 목적으로 암컷에게 과시하는 것으로서, 목도리도요와 검은멧닭(Blackcock, Lyrurus Tetrix)[46]에서 독립적으로 발전되어 왔다. 두 종 모두 수컷들은 암컷들을 도와서 새끼 돌보기에 참여하지 않으며, 개인적 유대는 전혀 없다.

속(屬)의 개념에서, 흔히 상동의 흔적을 발견할 수 있다. 처음 보기에는 재갈매기와 검은머리갈매기의 짝짓기 행동은 대단히 달라 보인다. 재갈매기는 '클럽'이나 사회적 모임 장소에서 짝을 맺고, 검은머리갈매기는 '미리 정해놓은 영토(Pre-Territories)'에서 짝을 맺는다. 짝짓지 못한 검은머리갈매기의 수컷은 암컷이든 수컷이든 간에 낯선 갈매기에게 대단히 공격적으로 반응한다. 그러나 짝짓지 못한 재갈매기는 다른 수컷들은 공격하지만, 암컷에게는 그렇게 공격적이지 않다. 검은머리갈매기는 공중에서 과시를 하지만, 재갈매기는 그렇지 않다. 새로 짝지어진 검은머리갈매기는 번식지를 선택하기 위해 날아가지만, 새로 짝지은 재갈매기는 클럽에서 걸어 나와 흔히 그곳에서 멀지 않은 곳에 번식지를 정한다. 몇몇 세부사항에 있어서도 역시 상당한 차이가 있다. 위협 자세도 다르다. 재갈매기는 '수직의 위협 자세'를 취하지만 검은머리갈매기는 '과시 자세'를 취한다. 달래는 자세도 다르다. 재갈매기는 '복종적인 자세'를 취하며, 검은머리갈매기는 '머리를 기처럼 세우는 자세'를 취한다.

　두 종의 짝 형성 유형을 자세히 분석해 보면 그들이 같은 주된 방식을 따르고 있음을 알 수 있다. 암컷은 수컷에게 다가가면서 위협 자세와 정반대가 되는 자세를 취함으로써 수컷을 달랜다. 짝짓기 후에 그 쌍은 함께 계속 살아갈 터를 고른다. 차이점은 두 상황과 관련되어 있다. 첫째, 검은머리갈매기는 보다 몸집이 작은 종이기 때문에 큰 재갈매기보다 비행에 의지하는 경우가 더 많다. 이 사실은 공중 과시가 재갈매기에서 발견되지 않는 이유를 설명해 준다. 그리고 수직의 위협 자세는 땅에 있는 상대를 목표로 하는 것이고, 앞쪽으로의 과시는 땅과 공중 어느 쪽에서든 올 수 있는 적을 목표로 한 것이다. 따라서 재갈매기의 위협 자세가 왜 그렇게 발달해 왔는지도 설명이 되며, 계속 살아갈 터로 출발하는 방식이 왜 다른가도 해명된다. 둘째, 검은머리갈매기의 위협 자세는 갈색 얼굴에 의해 뒷받침 된다는 것이다. 또한 이것은 달래는 의식에서 머리를 기처럼 세우는 방식이 발전하게 된 이유도 설명해 준다.

　이런 것들에 대한 우리의 지식은 여전히 매우 단편적인 것이어서 여러 유형이 발전되어온 역사적 과정을 재정립해보기에는 전적으로 불충분하다.

# 03
## 해발인들의 비교

단일한 신호들에 대해서는 좀 더 낮은 단계에서나마 많은 것이 알려져 있다. 여기서는 상동과 수렴을 추적하는 것은 어렵지 않다. 수컷 오리가 구애 중에 부리로 깃털을 다듬는 전이 행동은 종에 따라 구별되는 것이지만, 분명히 전적으로 '같은 것'이다. 명금류의 노래 역시 생식 격리의 필요성 때문에 종에 따라 다르지만, 사용되는 기구인 명관(鳴管, Syrinx)은 그 집단을 통해 상동의 것이다. 수렴의 예로는, 아가미 뚜껑을 세우는 어류의 앞쪽 과시와 목도리도요나 가금류의 수탉이 목의 깃털을 사용하여 화려하게 채색된 부채나 칼라 모양을 만들어 내는 새들의 과시를 들 수 있다. 상동 해발인들의 비교를 통해 그들의 기원과 진화에 관한 놀라운 결론을 이끌어 낼 수 있다.

지금까지 신호 동작의 두 가지 근원이 밝혀졌다. 하나는 지향 동작(Intention Movement)이다. 오리나 거위가 날아가려고 할 때, 그들의 비행 욕구(Motivation)가 점차 부추겨지게 된다. 대단히 낮은 욕구가 시작 동작을 일으킨다. 깃털을 몸에 딱 붙이고 있는 상태, 그런 다음 반복해서 머리를 올렸다 내렸다 하는 것은(Bobbing) 가장 낮은 욕구 단계에 해당된다. 욕구가 점점 커지면, 머리를 숙이는 동작이 점점 강해지고, 몸의 다른 부분이 함께 작용하기 시작한다. 날개는 동작을 취하기 위해 준비 상태에 있고 몸은 앞쪽으로 다소 굽혀질 것이다. 의도된 동작의 그러한 낮은 강도의 형태가 동료들에게 해발인으로 작용한다.

다른 경우에는 욕구가 다소 높을 때도 지향 동작을 하기도 한다. 재갈매기의 수직 위협 자세는 다소 강한 공격성을 의미한다. 그러나 동시에 도망치거나 물러서려는 성향이 공격성을 억제시키기 때문에, 실제 공격은 쉽게 일어나지 않는다. 그러한 억제된 지향 동작은 다른 경우에 신호 동작으로 작용한다.

전이 행동은 해발인의 두 번째 근원이다. 재갈매기의 풀 뽑기, 큰가시고기의 전이 동작으로서의 모래 파기, 둥지 입구를 가리키는 것, 전이 동작 부채질 등이 그 예이다. 그들은 모두 경쟁자나 배우자에게 어떤 반응을 해발시키는 신호로 작용한다. 그런 동작들이 어떻게 다른 개체들에게 '이해되기' 시작하는지 안다는 것은 어려운 일이다. 이 문제는 신호 동작 자체의 기원에 관계되는 것이 아니라 신호에 반응자의 반응성의 기원이 관계되는 것이다. 지향 동자에 대한 의문을 해석하는 것은, 모든 다른 외부 자극에 대해 해석하는 것만큼 어렵다. 검은노래지빠귀가 왜 지렁이와 아메리카황조롱이에 반응하는지가 불가사의한 만큼 왜 검은노래지빠귀가 다른 검은노래지빠귀가 나타내는 경고의 지향 동작에 반응하는지도 불가사의한 일이다.

재갈매기가 어째서 풀 뽑는 전이 동작을 둥지를 지으려는 의도 그 자체로 받아들여 반응하지 않고 위협적인 행동으로 '깨닫게 되는지', 의심스럽다. 필자는 재갈매기가 그것을 위협 행위라고 해석하게 된 데는 두 가지 이유가 있다고 생각한다. 첫째, 풀 뽑기가 진짜 공격 행동과 번갈아 나타난다. 둘째, 우리가 이미 알고 있는 것처럼, 풀 뽑기는 실제 둥지 재료를 모으는 동작과는 다르다. 그 갈매기는 맹렬하게 쪼아대다가, 거칠게 뽑아버리는 것이다. 이것은 싸움 형태의 일부분인 것이다. 재갈매기는 그 식물이 마치 적이라도 되는 듯이 취급한다.

일단 다른 개체의 신호 동작에 이런 반응성이 확립되면, 신호 기능의 더 이상의 발전은 행위자와 반응자 모두의 일이다. 모두에게 새로운 적응성의 진화 과정이 시작된다. 비교 연구를 통해 이런 과정의 몇몇 단면들을 볼 수 있다[17]. 많은 수컷 오리가 구애에 활용하는 신호 동작의 하나인, 전이 동작으로서의 부리로 깃털 다듬는 행위는 실제 깃털을 다듬을 때와 완전히 같지 않다. 몇몇 종에서는 실제 깃털 다듬는 행위와 전이 동작인 깃털 다듬는 행위가 너무 다르다. 로렌츠는[56] 필름을 근거로 하여 여러 종의 전이 동작인 깃털 다듬기를 정확한 묘사와 삽화로 제시했다(그림 67). 청둥오리는 비교적 원시적인 경우이다. 수컷은 단지 부리를 날개 뒤로 가져갈 뿐인데, 전이 동작일 때 더 판에 박은 듯하지만, 일상적인 깃털 다듬기와 많이 유사하다. 원앙(Mandarin Drake)은 고도로 분화된 동작을 한다. 원앙은 둘째날개깃 중 하나의 우판(Vane)을 교묘하게 건드린다. 이 둘째날개깃은 다른 둘째날개깃과 같이 어두운 초록색 깃털이 아니다.

그 날개깃의 외부 우판은 거대한 기 모양의 구조로 발달했으며, 그 빛깔은 초록색 대신 밝은 주황색을 띠고 있다. 발구지(Garganey Drake) 또한 다른 동작을 한다. 그는 날개의 바깥쪽이 아니라 안쪽을, 정확하게는 날개덮깃(Coverts)이 밝은 회색빛 푸른색을 띠고 있는 그 지점을 건드린다. 그러므로 발구지와 원앙은 눈에 띄는 구조를 발전시켜 왔으며, 그 동작으로 그 구조에 주의를 끌게 한다. 이런 전체적인 발달은 더 눈에 띄고 틀에 박힌 동작

그림 67 | 구애하는 오리들의 깃털 다듬기 전이
1 혹부리오리(Makkink, 1931)
2 발구지(Lorenz, 1941)
3 원앙(Lorenz, 1941)
4 청둥오리(Lorenz, 1941)

을 하는 것으로 끝난다. 이것은 하나의 의식(Rite)이 되었다. 동시에 다른 종의 동작들은 여기에서 분화되었다. 즉 그들은 좀 더 종 특이적인 깃이 되었다. 신호들을 '파악하고', 그들을 더 눈에 띄고 더 종 특이적인 것으로 만드는 진화의 과정을 의식화(Ritualization)라고 한다. 지금까지 알려진 모든 자료는 신호 동작들이 원래 신호 기능이 없는 동작들이었다는 결론을 내리고 있다. 그들은 어떤 의미에서는 신경 조직의 '부산물'이었다. 신

호 기능을 획득한 후에야 비로소 해당하는 움직임의 변화와 형태 변형을 하게 한 의식화의 적응 과정이 시작되었다.

의식화는 두 가지 면에서 적응적인 것이다. 첫째, 의식화된 해발인들은 항상 눈에 띄며 비교적 단순하다. 이 두 성질은 생득적 행동 반응에 제한적으로 적용하게 되었다. 각 생득적 반응은 그것을 해발시키는 종 특이적 자극에 달려 있다. 많은 경우에 필요한 자극에 대한 연구에서 보여주고 있듯이 이런 자극이 항상 비교적 단순하고 눈에 띈다는 것이다. 의식화는 해발인을 단지 그런 '신호 자극'을 보여주는 것으로 만들려는 경향이 있다. 해발인은 어떤 의미에서 '실체화된 신호 자극'이다. 둘째, 의식화는 같은 종이든 다른 종이든 간에 해발인을 서로 구별하게 된다. 그래서 의식화는 종 내 사회 협동을 촉진하고 다른 종에게 반응할 기회를 줄인다.

지향 동작과 전이 행동은 모두 의식화라는 점에서는 같다. 두 경우에 있어서 가끔은 동작에 강조점을 두기도 하고, 또 구조에 강조점을 두기도 한다. 어떤 동작에서 가장 흔한 변화 중의 하나는 동작의 어떤 부분은 과장하고 다른 부분들은 생략해 버리는 '도식화(Schematizing)'이다. 예로서 이것은 오리의 어느 구애 동작에서 나타났다. 예를 들면 '단축(Shortening-Up)'은 원래 머리와 꼬리를 들어 올리는 것을 의미했다. 발구지에서 머리의 뒷동작이 강조되고, 반면에 꼬리를 위로 하는 동작은 전적으로 사라졌다. 칠레쇠오리(Chilean Teal)의 경우 머리 동작은 다른 방식으로 발전되었다. 즉 가슴 동작에 강조를 두고, 꼬리 동작은 사라졌다. 고방오리(Pintail)의 경우 머리와 꼬리가 모두 움직이며 여기서 꼬리는 꼬리 바탕에 있는 현란하게 채색된 삼각형 모양과 길게 된 꼬리 그 자체에 의해 움직인다.

생리학적으로 의식화의 이런저런 면들은 여러 동작의 구성분들의 역치에서 양적 변화로 이해할 수 있다. 이 문제에 대해 너무 많이 언급하는 것은 이 책의 범위를 넘어서는 것이다. 그러나 필자는 해발인 진화에 관한 연구는 그 기원과 일반적으로 '새로운' 행동 요소의 진화 문제에 대해 대단히 중요한 관련을 맺고 있다는 것을 강조하고 싶다. 왜냐하면 지향 동작의 의식화 혹은 전이 동작의 의식화는 새로운 동작들을 진화하도록 이끌어가기 때문이다. 또한 이 문제는 여기에서 해결할 수 있는 성질의 것이 아니다.

# 04
## 결론
·······

지금까지 해발인들의 기원과 진화에 대해, 특히 구애와 위협에서 작용하는 해발인들에 대해 연구한 것은, 그들이 원래 중추 흥분의 우연한 부산물이었다는 것을 점점 더 분명하게 하고 있다. 즉 중추 신경 흥분이 지향 동작 혹은 전이 행위로 전환되며 대부분의 경우 이런 전환은 상반되는 충동이 동시에 작용함으로써 정상적인 전환이 방해될 때 나타난다. 이것은 모든 '억제된 지향 동작', 위협으로 사용되는 모든 전이 동작, 그리고 아마 구애에 사용되는 많은 전이 동작에도 적용될 것이다. 이것은 구애와 위협에서 왜 그렇게 '과시'가 만연해 있는가를 알 수 있는 실마리를 제공하는 것처럼 보인다. 구애의 경우, 성 충동이 동기의 주된 구성분이 될 수 있는 반면, 물론 여기에는 공격 충동과 도피 충동이 함께 작용한다. 위협의 경우103, 공격 충동과 도피 충동이 서로 갈등 관계에 있다. 우리는 공격성과 성 행동이 모두 종족 보존을 위해 필요하다는 것을 알고 있다. 어느 것도 배제할 수 없다. 생득적 행동은 단순한 신호 자극에 반응하며, 암컷은 같은 종의 구성원으로서 성적 반응을 유발하는 자극뿐만 아니라 공격을 유발하기 때문에, 수컷은 항상 암컷이 접근하면 공격과 성적으로 동시에 자극된다. 만약 수컷의 성 충동이 더 강하다면 암컷에 대한 그의 공격성뿐 아니라, 포식자로부터의 도피욕과 같은 모든 다른 충동들을 압도할 수 있다. 만약 그의 도피 충동이 약하다면, 그를 대단히 우수한 싸움꾼으로 만들 수 있지만, 포식자를 만났을 때는 위험에 처하게 될 것이다. 각 동물들에게는 여러 충동들 간의 적당한 균형이 이루어져 있다. 위협과 구애는 이 균형의 필연적인 결과이다. 의식화에 의해서 그들은 각각이 상황에서 가능한 한 올바르게 사용될 수 있게 되어 있다.

⋮

# 9장

# 동물사회학 연구를 위한 제언

문헌에 나와 있는 이름들을 한 번 보면, 동물 사회학은 '비전문가들'의 업적에 의해 많은 부분이 이루어져 왔음을 알 수 있다. 이 분야를 발전시키는 데 많은 공헌을 한 몇몇 연구자들, 셀러스(Selous), 하워드(Howard), 포티엘리에(Portielje)는 전문적인 동물학자들이 아니었다. 사실상, 동물학은 오랫동안 동물사회학에 관심이 없었다. 초기의 연구는 비전문가들이나, 이런 연구에 대해 전혀 훈련받지 못한 동물학자들에 의해서 이루어졌다. 하인로스와 헉슬리(Huxley)는 모두 동물사회학자들로서 그들은 선구자적인 공헌을 기록한 독학자들이었다. 그들의 연구와 이어지는 로렌츠와 그의 공동 연구자들 덕분에, 이제 동물학자들 간에 급속도로 관심을 갖게 되었다. 이것이 발전을 촉진시켰고, 새로운 개념과 용어가 도입되어 문헌상의 빠른 성장을 낳게 했다. 이것은 분명히 고무적인 현상이지만, 연구가 점점 전문적인 학자들의 전유물로 되어 간다는 단점도 있다. 많은 비전문가들은 이제 새롭고 독창적인 공헌을 하기는 커녕 보조도 맞출 수 없다고 느끼게 되었다. 필자는 그러한 비관론이 정당화될 수 있다고 생각지 않는다. 전문화된 훈련의 부족은 불이익을 주는 만큼 이익도 줄 수 있기 때문에 비전문가의 연구도 있어야 하며, 뿐만 아니라 계속 기여하는 것이 바람직하다고 본다. 물론 훈련은 지식과 사고를 단련시키지만, 흔히 견해의 독창성을 묵살하는 경향이 있다. 비전문가는 큰 영향을 미칠 수 있는 정신적 순수함을 가지고 주제에 접근할 수 있다. 이 마지막 장에서는 스스로 몇몇 연구에 착수해 보고 싶어 하는 사람들에게 여러 가지 제언을 해둘까 한다.

한 종을 주의 깊게, 또 꾸준히 관찰하는 데 생애의 몇 년을 바친 사람들이 가장 큰 공헌을 하게 되리라는 것은 자명한 일이다. 근연 관계에 있든 아니든 간에 여러 종을 비교 연구해보는 것도 대단히 중요하지만, 한 종에 관한 심오한 지식의 획득이 먼저 선행된 후에야 가능한 것이다.

광범위한 관찰적 접근의 필요에 대해서는 아무리 강조해도 지나침이 없을 것이다. 많은 사람들, 특히 젊은 초보자들의 자연스러운 성향은 어떤 고립된 문제에 집중해서 그것을 통찰해 보려고 시도하려 한다. 이것은 기특한 성향이긴 하지만 마땅히 저지되어야 한다. 그렇지 않으면 단편적이고, 서로 연결되지 않는 결과들의 축적이나, 사회학적 진기한 것들의 수집 이상의 것이 되지 못할 것이다. 전체 현상 체제에 대한 광범위하고 서술적인 예비 점검은 각각의 개별적인 문제들을 올바르게 보기 위해 필요한 것이다. 이것은 분석적이고 통합적인 사고를 함께 할 수 있는 균형 있는 접근을 위한 유일한 수단이다. 물론 이것은 사회학에만 적용되는 것이 아니라 모든 과학에도 적용될 수 있는 것이다. 그러나 이것은 행동학과 사회학의 분야에서 다른 과학보다 더 자주 망각하는 것 같다.

필자의 생각으로는 이 광범한 관찰적 접근이 매우 절대적인 중요성을 가지고 있기 때문에 이것을 좀 더 상세하게 기술해 보려고 한다. 예전에 사회학적 연구에 대해 훈련을 받고자 하는 어떤 열성적인 학생이 외국에서 필자를 찾아온 적이 있었다. 그는 마음속에 대단히 특별한 문제를 간직하고 왔다. 그는 해발인의 실험적 연구에 대한 기술을 훈련받고자 했다. 필자는 그에게 한 종에 대한 광범한 예비 점검을 먼저 시작하는 것이 더 낫다는 것을 인식시키려 했으나 헛수고였다. 그래서 그를 그냥 내버려 두었더니 그는 터를 가지고 있는 큰가시고기 수컷이 은빛 모형과 비교하여 붉은 모형을 물어뜯는 수를 헤아리기 시작했다. 그의 결과는 우리가 전에 했던 연구와 모순되는 것처럼 보였다. 우리의 실험 결과는 붉은 모형이 은빛 모형보다 약간 더 많이 물렸을 뿐이었다. 다시 한번 실험해 본 결과 그 고기는(등지느러미 가시를 모두 세우거나 초기 공격을 실행하는 것과 같은) 진짜 물고기보다 적개심을 나타내는 몇 가지 신호들을 보여준다는 것을 발견할 수 있었으며, 이것은 은빛 모형보다 붉은 모형에 의해서 더 많이 해발되었다. 그가 실험한 것은 그 종의 행동에 대한 관찰 연구를 뛰어넘었기 때문에, 그는 이런 적의 어린 동작들을 알아차릴 수도, 해석할 수도 없었던 것이다. 그 이후로 그는 단지 관찰만 하는 것으로 되돌아갔다가 며칠 후에 실험을 다시 했을 때 명확한 결론을 얻을 수 있었다.

전이 행동들은 또 다른 실례들을 제공한다. 전이 행동을 배출구로 사용하는 두 가지 충동 유형과 빌어온 유형에 관한 관찰적 지식이 없이는 전이 행동에 관해 이해하거나 두 충동이 결합된 성질에 대해 아는 것이 불가능하다.

이미 언급했듯이 검은머리갈매기가 머리를 ㄱ 모양으로 만드는 것이 달래는 자세라는 것을 알려면, 그와 반대되는 앞쪽으로의 위협 자세도 알고 있어야 한다. 구애와 마찬가지로 싸움 행동도 연구하지 않으면, 머리를 ㄱ 모양으로 민드는 것을 이해할 수 없게 된다. 또한 위협 행동을 무시하면, 구애가 늘 공격성과 섞여 있는 것이라는 중대한 사실을 알지 못하게 될 것이다.

지느러미발도요의 암컷은 봄에 영토에 찾아와서는 짝짓지 않은 수컷을 유인하기 위해 노래를 부르는데, 이것을 알고 있지 않으면 암컷이 알을 낳으려 할 때 수컷을 둥지로 끌어들이기 위해 그 노래를 반복한다는 것을 이해할 수 없을 것이다. 또 수컷이 혼자 알을 부화시키고 암컷은 알을 낳으려는 곳을 그 수컷에게 알려야 한다는 것을 알지 못하면 알-의식(Egg-Ceremony: 알을 낳을 때 수컷을 데리고 가는 행위)조차 이해할 수 없을 것이다. 그리고 또한 성의 역할이 깃털의 성적 이형과 마찬가지로 바뀌게 된다는 것을 알고 있어야만 이 모든 것을 깨닫게 된다.

이것들은 단지 소수의 예에 불과하다. 세밀한 문제에 집착하기 전에 광범위한 관찰적인 예비 점검에 몰두하기 위해서는 약간의, 그리고 가끔은 상당한 인내가 필요하며, 그 예비 점검이 오랫동안 분명한 결론을 이끌어내 주지 않는다 해도 그 인내는 결국 보상을 받을 것이다. 그렇게 될 때 점차 모든 것이 '이해되기' 시작할 것이며 산재되어 있던 문제들과 부분적인 문제들과의 타당한 관련성을 알 수 있게 될 것이다.

관찰의 반복 또한 대단히 중요하다. 사회 행동이란 동시에 일어나는 많은 것을 포함하고 있기 때문에 모든 것을 본다는 것은 불가능하다. 여러분은 행위자, 반응자, 주위에 있는 다른 개체들에게도 주의를 기울여야 한다. 한 번 보고 한 개체의 동작들을 파악할 수 없을 때라도 동시에 일어나고 있는 모든 것들을 한꺼번에 잡으려고 하지 말아야 한다. 단지 관찰하고 기록하고, 그림을 그려가면서, 얼마나 거기에 대해 확신할 수 있는지 깨달아 가면서, 다시 한번 관찰하여 점차 여러분의 서술을 완성해 나가면, 타당한 정확성과 완전성을 얻을 수 있을 것이다. 필자가 큰가시고기의 구애를 수백 번 관찰했다고 말한다고 해도 과장되는 것은 아니다. 그런데도 여전히 필자는 새로 관찰할 때마다 새로운 것을 발견했는데 그중 어떤 것은 근본적인 문제들을 더 잘 이해하게 하는 데 도움을 주기도 했다. 필름으로 찍어서 보는 것도 큰 도움이 된다. 어떤 특정 사건을 잘 찍어두면 관찰에 많은 시간과 날들을 보내는 것과 같은 가치를 지닌다.

야생 동물에 관한 다양한 관찰적 연구가 야외에서 행해졌다. 그때의 이점은 동물들이 그들의 고유한 환경 속에 살고 있다는 것이며—실제로 그들을 잡아서 꼭 같은 환경을 만들어 준다는 것은 너무 어려운 경우가 많다—그것은 완전히 건강 상태에 있기 때문에 돌봐줄 필요가 없다는 것이다. 자연이 우리를 위해 그들을 보존해 주는 것이다. 겁을 먹고 도망가는 것을 막기 위해서는 잠복 장소를 사용하면 된다. 야외 작업은 주로 새와 곤충의 연구에서 큰 성과를 거두었다. 이 책에서 언급된 새에 관한 많은 자료는 야외에서 수집된 것이다. 뒷부리장다리물떼새에 대한 매킨크(Makkink)의 연구, 가마우지(Cormorant)에 대한 코틀랜트(Kortlandt)의 연구, 유럽울새에 관한 랙(Lack)의 연구, 그리고 재갈매기에 대한 필자의 연구 등과 다른 많은 연구들이 전적으로 야외 작업을 바탕으로 한 것이다. 쌍안경은 필수적인 것이다. 계속적인 관찰을 위해서는 삼각대(Tripod)에 쌍안경을 장치하는 것이 대단히 중요하다. 한 시간 정도 관찰하고 나면 부득이하게 여러분의 손이 떨리기 시작할 테지만, 그전에라도 여러분의 맥박 때문에 쌍안경의 렌즈가 조금씩 흔들릴 것이다. 쌍안경을 삼각대에 고정시켜서 떨림을 제거했을 때는 놀랄 만큼 더 잘 볼 수 있게 된다. 만약 삼각대가 없으면 돌이나 울타리, 나무 위에 쌍안경을 올려놓고 그 위에 돌을 놓으면 된다.

야외 관찰자에게 두 번째로 필요한 것은 어떤 식으로든 개체들에 표시를 해두는 것이다. 표시를 해두지 않았을 때도 물론 흔히 깃털의 특징이나, 다친 다리, 혹은 비정상적인 크기로 인해 개체들을 식별할 수 있다. 그러나 그런 근소한 차이로만 늘 알아봐야 하는 동물들은 비정상적인 행동을 하거나 다른 비정상적인 행동에 있어서 해발할 가능성도 있는 것이다. 무리 이동 연구에 오랫동안 숫자가 표시된 알루미늄 고리를 사용했다. 그러나 그 숫자는 너무 작아서 멀리서는 알아볼 수가 없다. 황새(Stork)와 같은 큰 새의 경우, 크기가 큰 숫자들이 쓰인 고리를 사용하면 야외에서 알아볼 수 있지만, 좀 더 작은 새들의 경우에는 여러 색깔을 이용해서 고리를 만들면 된다. 대략 여섯 가지의 다른 색들을 섞어 쓰면, 수많은 새들을 개별적으로 표시할 수 있다. 그 종에 속하는 새의 각 다리에 둘, 혹은 셋 정도의 고리를 끼운다 해도 아무 상관이 없다. 필자가 표시했던 몇몇 재갈매기들은 날아다닐 때마다 잘랑잘랑 울리는 소리를 냈지만, 몇 년 동안 전혀 신경 쓰지 않고 사는 것 같았다.

관찰하거나, 사진을 찍거나 무비 카메라를 사용하는 경우에는 잠복 장소를 이용하는 것이 필요하다. 필자는 120㎝의 길이마다 금속 뼈대가 있는 접을 수 있는 사각의 텐트를 사용했다. 그것은 장치하는 데 몇 분밖에 걸리지 않고, 쉽게 운반할 수 있으며, 적절하게 고정만 시키면 강한 바람에도 견뎌낼 수 있다. 관찰 창문들을 밖에 있는 식물들로 위장하는 것이 좋다. 이 식물들은 대낮에 감출 수 없는 어두운 구멍 윤곽들을 가려준다. 그 안에서 관찰자는 눈에 띄지 않고 어떤 동작도 할 수 있다. 그런 잠복 장소에서는 반대쪽에 있는 창문들을 동시에 열지 않도록 하는 것도 중요하다. 왜냐하면 그때 새들이 뒤에 있는 창문을 통해 관찰자의 모습이 움직이는 것을 보게 될지도 모르기 때문이다.

그러나 새들이 주변의 상황들에 대해 어떻게 반응하는지를 살펴보는 것도 그들의 행동을 관찰하는 것만큼 중요하기 때문에 좀 더 트인 시야를 갖기 위해서 밖에서 앉아 있는 것이 오히려 나을 때도 있다. 그러나 새들이 관찰자의 존재에 대해 신경을 쓰지 않을 수 있을 만큼의 거리는 유지해야 한다. 여러분이 움직이지 않고, 일단 새들이 여러분에게 익숙해지면 그 거리가 놀랄 만큼 가까워질 수도 있다. 그러면 그들은 소에게 관심을 가지는 것보다 여러분에게 더 많은 주의를 기울이지 않을 것이고, 이것은 새를 관찰하는 사람에게는 대단히 바람직한 위치라고 할 수 있다.

새를 연구하기 위해서는 일찍 일어나야 한다. 대부분의 새들은 해 뜨는 시간에 가장 많은 활동을 하는데, 이것은 특히 번식 행동에서도 마찬가지이다. 저녁때가 되면 가장 활동을 적게 하게 된다. 그러므로 해 뜨기 한 시간 전에 도착해서 해 뜨고 난 후 서너 시간 머물러 있다가 활동이 뜸해지면 돌아가는 것이 가장 좋다. 일단 여러분이 야외에서 일찍 일어나는 것에 익숙해지면, 태양이 높이 떠오르고 이슬이 다 마른 뒤, 메마르고 색깔 없는, 활기 없는 풍경이 전개될 즘에 일어나는 것보다 훨씬 좋은 것이라는 걸 알게 될 것이다. 나아가서 시계 울리는 소리에 더 신속히 반응할 수 있다면 일어나는 것이 더 쉬워질 것이다.

곤충들도 또한 야외에서 관찰할 수 있다. 여러 면에서 새보다 관찰이 용이하다. 그들은 쉽게 겁을 먹지도 않을 뿐더러 가장 많이 활동하는 시간이 그렇게 이른 아침이 아니기 때문에 매일 계속 관찰하기에 힘이 덜 든다고 할 수 있다. 정력적인 사람들은 새들과 함께 하루를 시작해서 9시쯤엔 곤충들을 관찰할 수도 있다.

프랑스의 위대한 곤충학자인 파브르는 단순한 관찰만으로 얼마나 많은 흥미로운 사실을 발견할 수 있는지를 실제로 보여 주었다. 그의 연구는 그 시대에서는 가치 있는 것이었지만, 우리의 현재 목적에는 정확성이 좀 부족하다. 얻을 수 있는 결과의 유형을 예증하는 데 적합한, 현대의 연구는 나나니벌의 행동을 연구한 배런즈(Baerends)에 의해서이다. 이 종에서 그는 암컷과 자식들 간의 대단히 복잡한 관계를 발견했다. 각 유충들은 굴속에서 혼자 살고 있지만 어미가 마비시킨 애벌레들을 공급해 주었다. 배런즈는 정상적인 과정의 사건들을 둥지와 개체 모두에 표시를 해서 세밀하게 관찰했을 뿐 아니라 광범위한 실험을 했다. 예를 들어 그는 각 암컷들이 각각 다른 발달 단계에 있는 둘 혹은 서너 개의 둥지를 동시에 돌볼 수 있다는 것과 암컷들이 애벌레에게 새로 먹이를 공급해야 할 때를 정확히 알고 있다는 것을 발견했다. 그는 진짜 굴을 석고 모형의 굴로 바꾸어서 그가 원할 때마다 열어 보고 내용물을 바꿀 수 있었다. 이런 식으로 그는 암컷의 행동은 굴에 있는 먹이의 양이라든가 유충의 나이 등과 같이 굴속의 내용물에 의해 영향을 받는다는 것을 증명할 수 있었다.

곤충들은 무한한 분야의 연구 거리를 제공한다. 배런즈의 연구는 나나니벌이 얼마나 멋진 것인가를 보여 주었다. 나비를 가지고서도 가치 있는 연구를 시작할 수 있다. 뱀눈나비의 연구는 우리가 기대하는 것을 보여 주었다. 잠자리 또한 흥미 있는 집단이다. 예를 들어 아름다운 종인 물잠자리(Calopteryx Virgo)는 새나 물고기들과 비슷한 짝짓기 유형을 발전시켰다. 수컷은 다른 수컷에 대항하여 영토를 지킨다. 또한 그들은 전적으로 시각적 자극에 바탕을 둔 특이한 구애를 한다. 야콥(Jacobs)[35a]과 듀임(Duym), 반 오웬(Van Oyen)[20]의 연구는 여치와 메뚜기가 또 다른 유형의 사회적 관계를 발전시켰다는 것을 보여 주었다. 포유류와 같은 집단에 대한 지금까지의 연구는 쉔켈(Schenkel)[78a], 하이데거(Hediger)[29], 카펜터(Carpenter)[12a], 아이블 본 아이베스펠드(Eibl von Eibesfeldt)[20a,20b]에 의해 이루어졌고, 도마뱀은 노블[66], 크래머(Kramer)[42], 키츨러(Kitzler)[38]에 의해, 거미는 크레인(Crane)[16a,16b]에 의해 연구되었는데, 비록 새의 연구와 같이 광범한 것은 아니지만, 흥미롭게 비교할 수 있도록 해주고 있다. 이 집단들에 대해서는 지금까지보다 더 많은 주의를 할 가치가 있다.

동물원도 사회학적 연구를 위한 또 다른 매체가 된다. 여기서는 동물들을 가까이서 관찰할 수 있고 흔히 다소 비정상적인 환경 때문에, 자연적인 상황을 이해하는 데 큰 가치가 있는, 정상적인 과정을 벗어나기도 한다. 또한 야외 관찰자가 흔히 미치지 못하는 외래종과의 비교도 가능하다. 베를린의 하인로스와 암스테르담의 포티엘리에(Portielje)는 이런 유형 연구의 선구자로서 사회학에서 동물원의 가치를 입증하는 일련의 귀중한 저서들을 내놓고 있다. 행동 연구에서 동물원의 중요성은 이제 일반적으로 인식되어 가고 있다. 예를 들어 스위스의 바셀(Basel)과 베른(Berne) 동물원은 모두 행동학자에 의해 관리되고 있다.

우리의 목적을 위해 가장 특유하고 가치 있는 방식의 동물원은 수족관이다. 가장 싸게 동물들의 자연적 환경은 유지하고, 거의 모든 사람이 할 수 있다는 이점이 있다. 사실, 여러분이 적당한 크기(45cm×30cm×30cm)의 수족관을 갖고 있다면, 큰가시고기 또 잔가시고기에 대해 책에 쓰여 있는 것을 전혀 비용을 들이지 않고도 관찰할 수 있다. 초봄에 물고기를 잡는 데 몇 시간을 보내고 매일 벌레를 잡기 위해 땅을 파야겠지만 그것이 전부인 것이다. 우리 지방의 자생 물고기 중 다수가 아직 연구되지 못했다. 여러 영원들(도마뱀)도 더 세밀하게 연구할 가치가 있다. 그냥 신선한 물을 넣는 수족관에서 바닷물을 넣는 수족관에 이르기까지 적은 단계가 있을 뿐이다. 또한 대단히 적은 비용으로 열대어용 수족관을 장치해서 수입한 수많은 종의 열대어를 관찰할 수도 있다. 실제로 이러한 분야들은 무한하다. 많은 물고기들은 고도로 분화된 시각적 해발인의 조직을 발전시켜 왔기 때문에 색깔을 재빨리 바꾸는 능력으로 인해 많은 새들보다 더 멋지게 보인다.

로렌츠는 특별한 유형의 동물원을 개발했다. 그는 많은 동물들을 일종의 반사육(Semi-Captivity) 상태에서 사육했다. 동물들은 어떤(상당히 넓은)

한계 내에서 자유롭게 움직일 수 있다. 이렇게 동물들을 몸소 사육함으로써 그는 동물들을 사회적으로 그에게 묶어두었다. 이들 중 많은 동물들이 그를 자신의 종의 한 구성원으로 대했다. 동물들은 그에게 구애하기도 하고 싸우기도 했으며, 그들이 움직일 때 같이 움직이려고 했다. 이것은 연구를 위한 진기한 기회였는데, 로렌츠는 말 그대로 매일 동물들과 함께 살면서 최대한으로 이 기회를 이용했다. 이와 비슷한 연구를 하고 싶어 하는 사람에게 해주고 싶은 말은 이것은 가정주부의 동의가 없이는 이루어질 수 없다는 것이다.

이러한 관찰적인 연구를 한 뒤에는 실험적인 연구가 따라야 한다. 이것은 흔히 야외에서 이루어질 수 있다. 관찰에서 실험으로의 변화는 점진적인 것이어야 한다. 인과 관계에 대한 연구는 '자연적 실험'을 활용하는 것에서 시작되어야 한다. 자연 상태에서 발생하는 일의 도전이 되는 상황은 어느 정도 변하기 때문에, 어떤 일의 상황 비교는 흔히 대조 실험을 통해서만 완전히 측정 가능한 것으로 실험적 가치를 지니고 있다. 예를 들어 하인로스는 백조가 짝의 머리가 물속에 잠겼을 때 그를 공격하는 것을 발견했다. 이것은 개체를 인식하게 하는 것이 머리에 있음에 틀림없다는 사실을 가리키며, 더 정확한 실험들을 할 근거를 마련해 주었다. 큰가시고기의 수컷이 암컷을 둥지로 데려오지만, 암컷이 산란한 후에는 즉시 쫓아버린다는 것은 암컷이 산란하기 전에 부풀어 오른 복부를 가지고 있었던 것이 수컷의 구애를 해발시키는 것과 관련이 있을지도 모른다는 것을 암시하고 있다.

필자는 야생에서 지느러미발도요의 암컷이 지나가는 흰죽지물떼새, 랩랜드긴발톱멧새(Lapland Longspurs), 자주도요(Purple Sandpipers) 등에게 구애를 하는 것을 여러 번 목격했으나, 흰멧새(Snow Buntings)에게는 결코 구애하지 않았다. 이 흰멧새는 이 종들 중에서 유일하게 날개에 뚜렷한 하얀 반점이 있는 새였다. 이것은 지느러미발도요와 같은 흐릿한 색깔 유형을 가진 새라면 모두 구애를 유발할 수 있다는 것을 암시하고 있다. 야외의 관찰자들은 하루에도, 그러한 자연적 실험들을 수없이 접하게 될 것이다. 그것들에 대한 체계적 관찰을 통해 광범한 실험의 설계를 할 수 있을 것이다. 색깔이나 모양과 같은 형태적 특징에 관한 것은 모형들을 이용해서 모방하고 다양화시켜 쉽게 실험할 수 있지만, 동작에 관한 것은 모방이 어렵고, 동작의 유형들이 어떤 영향력을 가지는지에 대한 증거는 흔히 전적으로 지속적인 일련의 '자연 실험(Natural Experiment)'에 바탕을 두고 있는 경우가 많다.

동물을 잡아서 실험을 하면, 실험 도중 도망칠 염려가 없기 때문에 자연 상태의 동물들에게 할 수 있는 것보다 훨씬 많은 실험을 할 수 있게 한다. 그러나 관찰자가 지나치게 간섭을 하게 될 위험성도 있다. 실험이란 여러 가지 면에서 정교한 작업이다. 무엇보다도 그 동물은 적절한 분위기 속에 있어야 한다. 성체 갈매기의 경보음에 의해 경계 태세를 하고 있거나, 막 먹이를 먹은 새끼 갈매기에게 성체 갈매기의 부리 모형을 제시한다면 거의 소용이 없을 것이다. 가장 뚜렷하게 교란시키는 요인은 도피 반응이다. 도피 성향이란 더없이 쉽게 유발될 수 있는 것이다. 명백한 도피 행동은 거의 오인될 수 없기 때문에 분명한 경우에서는 쉽게 추리할 수 있다. 그러나 도피 충동이 약하게 작용한다 해도 다른 행동을 억제시키며, 공포에 의한 그러한 미소한 억제의 표시를 탐지하기 위해서는 날카로운 관찰과 그 종에 대한 상당한 경험이 필요하다. 얼마나 많은 사람들이 자기 동료의 다소 분명한 의사 표현조차 알아차리지 못하는가를 생각해보면, 또 우리 종이 아닌 다른 종의 의사 표현을 알아차리기가 얼마나 더 어려울 것인가를 생각해보면 이것은 그다지 놀랄 만한 일이 아닌 것이다.

각 실험은 실험자가 통제하기 힘든 변인들의 영향력을 제거하기 위해 여러 번 반복되어야 한다. 각 실험마다 새 개체를 사용하기보다, 항상 여러 실험에 한 개체를 사용하도록 하는 것이다. 그러나 여기서 그 동물이 일련의 실험을 하는 동안 변하지 않는다는 것을 확인해야 한다. 가장 흔한 변화 요인 중의 하나는 반응성을 점차 감소하게 하는 내재된 충동의 고갈이다. 이것은 흔히 각 실험이 너무 짧은 간격을 두고 계속될 때 생기는 일이다. 또 다른 원인은 학습이다. 어린 재갈매기에게 먹이를 주지도 않는 머리 모형을 계속해서 제시한다면, 곧 그것에 대해 부정적으로 조건화되어서 갈수록 더 적은 반응을 보일 것이다. 마분지로 만든 육식조 모형들이 머리 위를 날아다니는 것을 거위들에게 보여 주면, 그들은 그 실험 장치에 긍정적으로 조건화되고 실험자가 실험 준비로 모형을 묶으려고 나무에 올라가 있을 때마다 경계음을 내기 시작한다.

이것은 대조구의 필요성을 느끼게 한다. 각 실험은 어떤 면의 영향력을 알고자 할 때, 그 면을 달리 한두 상황의 결과를 비교하는 것이다. 예를 들어 알의 어떤 자극이 포란을 해발시키고, 또 어떤 것이 그렇지 못한가를 알고 싶으면 새가 비정상적인 알을 받아들일 것이라는 걸 보여 주는 것만으로는 충분하지 않다. 비정상적인 알에 대한 반응이 정상적인 알에 대한 반응과 비교되어야 한다. 만약 반응의 강도나 유형에서 차이가 있다면, 그 새의 반응에 영향을 미치는 어떤 요소를 포함하는 차이가 있음을 의미한다. 대조구 실험이 없는 비정상적인 알에 대한 실험은, 비정상적인 알이 포란에 영향을 미치는 어떤 자극을 준다는 결론을 내리기에는 충분하지만, 비정상적인 알이 모든 자극을 준다는 것을 나타내지는 못한다. 이것은 당연한 일처럼 들릴지도 모르지만, 과학 학술지에 실린 연구들이 이런 실수를 저질러 왔기 때문에 분명히 강조되어야 할 것이다.

이런 것들이 바로 주요한 함정들이다. 단지 여기서는 일반적으로 갖추어야 할 지침만을 제시할 수 있을 뿐이다. 언급된 실수의 근원은 수없이 다양한 방식으로 나타날 수 있으며, 그런 것은 흔히 '직감(Intuition)'으로 '알아차리고 이해해야 하는 일이기도 하다. 요령은 동물들의 정상적인 생활을 방해하지 않기 위해, 때때로 그들의 정상 생활에 실험을 삽입하는 것이다. 그러나 그 실험의 결과가 우리에게는 아무리 흥미로운 것이라 해도, 동물들에게는 늘 일어나는 일일 뿐이다. 이런 종류의 일에 감정이 결핍된 사람은, 마치 방에 있는 좋은 가구나 깨지기 쉬운 그릇을 주의하지 않고 발로 차거나 파손시키는 것과 마찬가지이다.

마지막으로 연구 결과를 출판하는 것도 필수적인 일이다. 대부분의 동물학 학술지들이 훌륭한 기고물을 환영할 것이다. 국제 학술지인 『행동(Behaviour)』이 아마 가장 적당한 매체가 될 것이다. 새에 관한 연구라면 조류학 학술지에서 흔히 출판되는 것이고, 그중에서 『이비스(Ibis)』지는 영국 학자들에게 가장 유명하다. 언어의 단순성과 직접성은 독자뿐 아니라 저술가에게도 필수적인 것이다. 흔히 연구한 것을 적어보는 것은 생각을 체계적으로 정리하고 문제점을 분명히 이해하는 데 상당한 도움이 된다. 삽화들은 이런 종류의 출판물에 있어서는 가장 중요한 것 중의 하나이다. 복잡한 행동 유형을 충분히 자세하게 묘사하기는 불가능하고, 이런 식으로는 독자들이 그것을 생생하게 떠올릴 수 없다. 흔히 하나의 평범한 그림이나 사진이 지루한 두 페이지의 묘사보다 훨씬 유용한 것이다. 야외에 있는 동안 관찰자는 대강의 밑그림을 그리고, 그것을 점검하고 고쳐나가야 한다. 필름은 큰 도움이 되고, 사실상 정확한 연구를 위해 거의 필수적이며, 또 그들은 그림의 기초로 이용되는 것이다. 대부분의 과학 학술지들이 비용을 절감하기 위해 선으로 묘사한 그림을 선호하고 있기 때문에 구획을 맞추어 그림을 그려야 한다.

대부분의 경우 미리 일정한 양의 문헌을 읽지 않으면 출판에 착수할 수 없다. 최근의 학술 정보를 알기 위해서는 영어로 된 것으로만 읽을거리를 한정해서는 안 된다는 것을 강조하고 싶다. 사회학을 진지하게 공부해 보려는 사람은 유럽의 논문—특히 이 분야는 주로 독일에서 쓰였기 때문에—을 접하지 않고는 잘 해나갈 수가 없다. 하인로스, 로렌츠, 쾰러(Koehler)와 그들의 추종자들, 그들의 제자들의 연구는 필수적으로

읽어야 하는데, 그것들은 영어만 가지고 완전히 파악할 수 없기 때문이다. 그중의 많은 것을 『Journal fur Ornithologies』와 『Zeitschrift fur Tierpsychologie』에서 찾아볼 수 있다.

한편, 필자는 광범위한 독서를 권장하고 싶지만, 이것을 우리가 직접 관찰해서 얻은 지식과 바꾸어서는 안 된다. 그 이유는 동물들 자체가 그들에 관해 쓰인 책보다 훨씬 중요한 것이기 때문이다.

# 해제

틴버겐은 이 책을 그 자신의 목적에 맞게 경험에 기초를 두고 있다. 따라서 그는 주로 새, 물고기, 곤충에 대한 연구를 그것들의 배우자, 적, 어미와 자식의 관계를 통해 주로 다루고 있다. 모두가 적은 수의 개체를 포함하기 때문에 비교적 단순한 관계가 된다. 여러분은 이 책에는 영장류 사회에 대한 언급이 없음을 주목하게 될 것이다. 그러나 이 책이 쓰인 시대를 주의해 보면, 그 당시에는 원숭이(Monkey)나 유인원(Ape)의 사회에 대해서는 거의 알려진 것이 없었다는 것도 알게 될 것이다. 이들의 사회에 대한 연구는 1960년대 인류학자들에 의해 행해졌던 것인데, 그들은 인간과 동물의 근연의 행동을 조사함으로써 인류 진화의 초기 단계에 대한 시각을 넓히고자 했던 것이다. 1950년 중반 이후 영장류 학자들은 아프리카, 아시아, 남미의 자연에서 다양한 영장류 사회에서 종의 특징을 나타내는 구조와 그들이 구성하고 있는 사회 속 구성원들 간의 관계에 대해 많은 양의 정보를 수집했다.

동물들의 특별한 행동 유형에 주목하게 될 때 그 동작이 수행하는 동물에게 무슨 작용을 하는가 하는 첫 번째 의문이 생기는데 이것은 바꾸어 말하면, 그 작용이 어떻게 번식 적응도(Reproductive Fitness)에 영향을 주는 것인가 하는 것이다. 기능적 의문들은 전체 행동 구조에서 통합의 다른 위치들을 언급할 수 있다. 예를 들면 둥지를 만드는 전반적인 기능 속에서 각각의 분리된 짓는 행위들이 갖는 가능성이 연구될 수 있는 것이다. 좀 더 세분화하면 각기 다른 운동 패턴들의 기능과 그것들이 동물들의 특정한 환경에서 어떻게 적응되는가도 연구할 수 있다.

1930년대 이전에는 기능이나 어떤 활동의 생물학적 의미에 대한 의문들이 주로 책상 앞에 앉아서 논리적인 추리를 함으로써 해결되곤 했다. 그런 식의 해결은 명백히 비판의 여지가 있다. 특히 무작위적 돌연변이나 자연 선택의 결과로 분명히 아주 고도의 적응도를 보여 주는 행동이나, 구조의 진화를 이해하기에는 불만족스러운 방법이다. 틴버겐은 추정된 선택력(Selective Force)의 힘을 평가할 수 있는 질적 방법을 사용하여, 행동의 기능에 대한 그러한 가설을 실험했던 선두주자 중의 하나였다. 실험을 설계함에 있어 그는 진화나 행동 요소들의 인과 관계에 대해 해답이 나올 때까지 꾸준히 보충 질문을 던졌던 것이다. 이런 방법으로 그는 높이 평가될만한 기능적 의문론을 만들어서 기능(혹은 작용)의 연구에 흥미 있는 새로운 발전을 위한 기반을 마련했다.

이런 발전 중 하나는 행동의 수행에 포함되는 이익과 손실에 의한 협상에 대한 연구가 이루어진 것이다. 이익이 극대화되는 단계에 이르면 다른 활발한 기능과의 경쟁과 같은 여러 가지 종류의 제약으로 인해서 제한되는 경향이 있다. 어떤 면에서는 다른 선택력의 압박으로 어떤 동물이나 종의 행동이 최적 협상으로 전개되며 진화 과정에서 이것이 어떻게 되는가 하는 것은 흥미로운 문제이다. 몇몇 종은 주어진 주요 기능을 수행하는 데 있어 일조 이상의 행동 유형(행동 전략)을 가지고 있어서 생태 조건이 바뀌면 행동 유형도 바뀔 수 있다.

최적성의 개념과 밀접하게 관련된 또 다른 새로운 접근은, 특정 행동 형질의 진화적 발전을 전제로 하고 선택압(選擇壓, Selective Pressure)이 실제로 작용해 올 수 있었던 가능성을 평가하는 연구의 발전이다. 유희 이론과 경제학으로부터 도용된 이론적 추리와 수학적 모형 제작은 그러한 연구의 핵심이 되고 야외의 자료 수집과 연구를 설계하는 데 중요한 역할을 한다. 여러 영장류의 사회 조직에서 발견되는 변이들이 이러한 이론에 있어 매력적인 연구 과제가 된다. 어떤 종은 일부일처(Monogamous)를 유지하지만 대부분은 두 개체 이상의 성체 그룹들에서 산다. 수컷 하나가 여러 암컷들과 자식들을 거느리고 사는가, 아니면 여러 마리의 수컷들이 여러 마리의 암컷들과 자식들과 함께 사느냐에 따라 두 가지 주요 그룹의 형식으로 나누어질 수 있다. 이 두 그룹은 좀 더 종 특유의 분화가 이루어질 수 있고, 어떤 종에서는 수컷들만의 그룹들이 큰 무리 속에 함께 살고 있다. 두 가지 생태학적 요소, 즉 포식자로부터의 위험과 먹이에 대한 종 내의 경쟁은 사회 구조를 결정하는 중요한 요소이다. 그런 요인들은 협동과 제휴를 하게 하고, 개체 간에 협력을 하도록 한다. 영장류뿐만 아니라 많은 다양한 분류 그룹 내에서도 상호 협력하여 개체가 할 수 없는 일들을 가능하게 하는 특별한 사회적 관계의 발전의 예를 볼 수 있다.

선택압의 유효성을 고려해 볼 때, 선택이 될 대상을 특징지어야 할 필요성이 생긴다. 여러분은 이 책에서 발견하겠지만, 행동학자들은 종을 유지할 때의 이익에 대해 자주 이야기하곤 한다. 그것은 선택이 그룹에 작용하고 있음을 암시한다. 표면적으로 예전에는 그룹 구성원 사이의 협동의 발생에 대해 이해하는 것이 가장 쉬운 것처럼 보였다. 그러나 지금은 복잡한 수학적 모형 제작이 보여주듯이 협동이 발생한다면 집단 선택(Group Selection)은 대단히 복잡한 과정이 되어야 한다. 그것은 개체에 작용하는 선택보다 훨씬 일어날 가능성이 적다. 이것은 그 집단의 구성원들이 동료들을 위해 생명을 걸어야 하는 많은 경우(예를 들면 위험을 알리거나, 자손을 먹이거나, 보호하는 경우나, 곤충 사회에서 흔히 있는 계층제)에 개체 선택의 가능성이 먼저 고려되어야 한다는 것이다. 이 연구는 다른 분야의 과학자들(생태학자, 인구생물학자, 유전학자, 수학자)에게까지 주목을 끌고 있다. 사회생물학(Sociobiology)이라 불리는 행동학의 새로운 분야가 탄생해서 지난 20년 동안 야생 생물 연구에 많은 영향을 미쳤다. 사실상 이타주의적(Altruistic) 행동의 모든 경우 즉 개체가 위험을 무릅쓰는 경우는 번식 성공도에 기여하기 때문에 유전자에 이점이 되는 것으로 해석할 수 있다. 대부분의 경우 친족 관계(Kinship Relationship)가 존재하는 개체나 상호 도움을 주고받기로 되어 있는 개체들에 의해 이루어진다.

인과 관계에 대한 '왜-의문'에 대해서 틴버겐은 특정한 사회적 기능에 달한 동물들의 기구(機構) 연구에 대한 여러 가지 예를 제시하고 있다. 이런 연구는 로렌츠의 두 가지 개념에 크게 영향을 받았는데 그 개념은 첫째, 운동성 행동의 기본 단위로서 고정된 행동 패턴과 둘째, 발신자에 있어 사회적 해발인과 수신자에서의 해발 기구(Releasing Mechanism)인 열쇠-자물쇠 결합인데 이들은 특정 자극 상황에서 선택 감각을 설명하는 원리가 되었다. 로렌츠는 종에 따라 나타나는 특성들을 생득적인 것이라고 했다. 이 생득적이라는 말로써 그는 동물들이 운동 신경을 움직여서 행동하거나 특정한 자극의 상황에서 적절하게 반응하는 것을 시행착오 학습, 모방이나 문화적 전수를 통해서라고 보지 않고 진화 과정에서 돌연변이와 자연 선택의 과정에서 유전인자에 입력된 것임을 강조하고 있다. 형태학의 높은 적응도와 그러한 종들의 행동, 둘 사이의 연관 관계에 깊은 인상을 받았기 때문에 초기의 행동학자들은 종의 특징적 그리고 본능적 행동을 나타나게 하는 유전자의 역할에 많은 비중을 두었다. 그들은 행동주의자의 접근에 의해 조건화하는 것을 선호하여 유전인자가 무시되는 그런 방법을 단호히 반대했다. 그래서 생득적과 학습적의 개념은 양립할 수 없는 것으로 여겨지게 되었다.

　로렌츠 이론에 대한 예리한 비판서가 1953년 레어만(Lehrman)에 의해 출판되었는데, 이 책은 행동 원리에 대한 생득적인 것과 학습적인 것으로 명명하는 경향으로부터 점차적인 전환을 시도하고 있다. 레어만은 행동 발달에 있어 유전자의 역할을 인식하는 과정에서 생득적인 것이냐 학습적인 것이냐의 양자택일식의 사고방식은 유전자에 입력된 정보가 개체의 행동 발달 과정에서 어떻게 나타는가라는 흥미진진한 문제에 대해 금지된 연구라고 주장했다. 그는 경험, 특히 학습의 어떤 형태가 유전자에 의해 발산된 영향력을 통제할 수 있다고 보았으며, 이 과정에서 상상할 수 있는 기구를 제시했다. 1953년 이후에야 이 원리가 자주 적용되었는데, 예를 들면 몇몇 새들의 종의 특징을 이루는 노래의 유형 같은 곳에 적용되었다. 결국 이런 노래들을 생득적 혹은 학습적으로 분류하는 것은 불가능해 보인 것이다. 틴버겐은 이 견해를 받아들인 선구자들 중 하나로 이 견해를 가지고 네 가지 근본적인 '왜-의문'의 네 번째 범주, 즉 행동의 개체 발생(Ontogeny)에 대한 문제를 첨가했던 것이다. 그러나 그것은 이 책이 쓰이고 난 후의 일이다.

개체 발생 과정의 일체가 되고 있는 학습의 기회는 동물의 수명, 특히 소년기(Juvenile)의 길이가 늘어나면 더 많아지는 것은 분명하다. 그래서 학습의 계획된 통합은 무척추동물보다 척추동물에 또 하등한 척추동물보다 고등한 척추동물에 더 자주, 더 정교하게 나타난다. 틴버겐의 예는 포유동물과 관계된 것이 거의 없기 때문에 이 책에서 사용되는 생득적이란 용어는 지나치게 혼란한 것은 아니다. 그렇지만 독자들은 하등한 척추동물이 특정 자극 상황에 반응하는 것은 여러분들이 전에 생각했던 것보다 훨씬 더 많이 학습된 것을 포함하게 되리라는 사실을 알아야 한다.

영장류에 있어 사회적 상호작용은 동종의 개체끼리 서로 잘 알고 있는 초기 경험과 밀접하게 관련된다. 어린 영장류는 친절하지 않은 반응을 피하고 협력을 얻기 위해 집단 내에서의 자신의 위치를 배우는 것이다.

또한 다른 포유류와 조류, 어류, 심지어 몇몇 무척추동물에서도 사회 관계에서 개인적 우애가 중요하다는 증거가 늘고 있다. 기본이 되는 로렌츠의 기구(Lorenzian Mechanism)에 학습 과정을 첨가하는 것이 이것을 가능하게 한다.

이 책에서 제시된 일관성 있으면서 동시에 자유분방한 생각, 그리고 실제 동물들의 행동에 대한 계속된 참고문헌들은 이 책을 이해하는 데 필수적인 부분이다. 틴버겐은 참여하도록 하는 식의 메시지를 보내고 있으며 그의 특별한 재능은 여러분들이 밖에 나가서 스스로 동물의 행동을 관찰하고 싶은 간절한 생각을 떨쳐 버릴 수 없게 한다.

틴버겐은 각 종들이 살고 있는 생태적 지위에 행동학을 적용하느냐에 대해 크게 강조하면서 동물들의 종의 특징을 나타내는 행동과 본능적인 행동에 대해서 광범위한 학문적 목표를 두었다. 이러한 연구는 되도록이면 관찰 대상이 되는 동물을 자연 그대로의 환경, 특히 야외에서 연구를 시작해야 하지만 그것이 불가능하다면 반자연적 조건에서라도 시작해야 한다고 주장하고 있다. 틴버겐이 활동을 시작했던 1930년대 무렵에는 자연 상태에서의 동물 연구는 별로 높이 평가받지 못했는데, 그 이유는 그 당시의 전문적 동물학자들은 범위를 그들의 실험실로 제한하여 그들의 연구 대상을 잡아서 죽이기만 하는 식이었기 때문이다. 야생 동물에 대한 대부분의 출판물은 비전문가에 의해 쓰여서, 그런 연구는 쉽게 일종의 취미 생활로 격하되어 버리곤 했다.

틴버겐은 행동학을 생물학의 인정받는 한 분야로 만들기 위해서는, 관찰을 통해 명확한 의문을 이끌어 내고 그다음 그것에 답하기 위한 개발된 방법을 사용해야 한다고 주장했다. 그는 행동에 대해 세 가지 다른 종류의 '왜라는 질문'을 던지고 있다. 그것은 첫째, 행동의 기능(Function) 또는 적응 여부, 둘째, 행동의 직접적 인과관계(Causation), 셋째, 진화의 과정에서 행동의 발전(Develop)된 방법이다. 틴버겐은 이 책에서 야생 상태의 동물을, 이 세 질문을 염두에 두고, 이 세 질문을 각각의 분리된 것으로 혼동하지 않게 하면서, 동시에 상호 밀접하게 관련되도록 하는 데 강조를 하고 관찰하는 방법을 제시해 주고 있다.

이 책은 하나의 고전이 되었다. 많은 저명한 행동학자와 생태학자는 이 책이 그들을 올바른 궤도에 오르게 했으며 특히 자연 상태의 동물을 관찰하는 데 많은 시간을 투자하여, 그들의 취미를 과학의 한 분야로 하고 싶다는 바람에 자신감을 주었다고 말하고 있다. 이런 이유만으로도 이 책은 역사적인 관심거리가 되고 있다. 동물 행동의 연구가 무엇인지 알려고 하는 오늘날의 젊은 과학도들에게는 이 책이 여전히 귀중한 입문서임을 발견할 수 있을 것이다. 그 이유는 이 책이 이미 출판된 이론과 사실들에 의지하는 대신, 니코 틴버겐이 흥미 있는 문제를 제시하고 그것을 해결하는 방법들을 지적하는 데 큰 의의를 두고 있기 때문이다.

지식으로 독자들에게 부담을 주는 대신 이 책은 자유롭게 사는 동물들의 생활에서 밀접히 연관된 생활의 비밀을 애써서 찾아내도록 독자를 격려하고 있다. 니코 틴버겐은 학생들을 야외로 데리고 갈 때면, 무엇이 일어나고 있는지 관찰하고, 그것이 무엇을 의미하는지 의문을 갖게 하고, 발생된 의문들을 풀어 줄 가능한 방법을 깊이 생각게 하는 데 최선을 다했던 것이다. 이 책은 1973년 생리의학 부분에서 행동학의 설립자들인 니코 틴버겐(Niko Tinbergen), 콘라드 로렌츠(Konrad Lorenz), 칼 본 후리쉬(Karl von Frisch)를 노벨상 수상자로 결정하게 된 중요한 이유, 즉 행동학 이론을 규정짓는 탐구에 편견을 가지지 않는 태도를 잘 나타내고 있다.

이러한 태도 때문에, 이 책은 동물 행동 과학에 문외한이지만, 동물과 인간의 행동을 비교해보고 싶어 하는 사람들에게 도 대단히 매력적이고 유용한 읽을거리가 되는 것이다. 비록 이 책이 분량은 많지는 않지만, 그런 목적에 부합하기에는 충분하다.

이 책은 이미 1980년 독일 유학 시절 동물 행동학을 처음 시작하려는 나에게 행동학의 기초를 마련해 주는 큰 계기가 되었다. 그래서 이론적인 행동학의 지식이 없더라도 쉽게 이 분야를 시작해보고 싶어 하는 사람들에게 더없는 지침서가 되리라 믿어 서슴없이 번역에 착수할 수 있었다. 비록 번역에 있어서 문학적인 표현에는 부족함이 있을지는 모르지만 행동학적 관점에서 정확히 묘사하려고 애썼다.

끝으로 이 책의 출판에 기꺼이 승낙을 해주신 전파과학사 손영일 사장님과 원고 교정에 수고한 임승희 양에게 사의를 표한다.

# 참고문헌

1 ALLEE, W. C., 1931 : Animal Aggregations.Chicago.

2 ALLEE, W. C., 1030 : The Social Life of Animals. London—Toronto.

3 BAERENDS, G. P., 1941 : 'Fortpflanzungsverhalten und Orientierung der Grabwespe Ammophila campestris. Jur.' Tijdschr. Entomol., 84,68-275.

4 BAERENDS, G. P., 1950 : 'Specializations in organs and movements with a releasing function'. Symposia of the S. E. B., 4, 337-60.

5 BAERENDS, G. P., and BAERENDS, J. M, 1948 : 'An introduction to the study of the ethology of Cichlid Fishes'. Behaviour, Suppl., 1, 1-142,.

6 BATES, H. W., 1862 : 'Contributions to an insect fauna of the Amazon Valley'. Trans. Linn. Soc., London, 23, 495-566.

7 BEACH, F. A., 1948 : Hormones and Behavior. New York.

8 BOESEMAN, M., VAN DER DRIFT, J., VAN ROON, J. M., TINBERGEN, N., and TER PELKWIJK, J., 1938 : 'De bittervoorns en hun mossels'. De Lev. Nat., 43, 129-236.

9 BULLOUGH, W. S., 1951 : Vertebrate Sexual Cycles. London.

10 BURGER, J. W., 1949 : 'A review of experimental investigations of seasonal reproduction in birds'. Wilson Bulletin, 61, 201-30.

11 BUXTON, J., 1950 : The Redstart. London.

12 CINAT—TOMSON, H., 1926:'Die geschlechtliche Zuchtwohl beim Wellensittich (Melopsittacus undulatus Shaw)Biol. Zbl., 46, 543-52.

12a CARPENTER C. 民, 1934 : 'A field study of the behavior and social relations of Howling

Monkeys'. Comp. Psychol. Mon., 10, 1-168.

13 COTT, H., 1940 : Adaptive Coloration in Animals. London.

14 CRAIG, W., 1911 : 'Oviposition induced by the male in pigeons'. Jour. Morphol., 22, 299-305.

15 CRAIG, W., 1913 : 'The stimulation and the inhibition of ovulation in birds and mammals'. Jour. anim. Behav., 3, 215-21.

16 CRANE, J., 1941 : 'Crabs of the genus Uca from the West Coast of Central America'. Zoologica, N. Y., 26, 145-208.

16a CRANE, J., 1949 : 'Comparative biology of salticid spiders at Rancho Grande, Venezuela. IV. An analysis of display'. Zoologica N.Y., 34, 159-214

16b CRANE, J.1949 : 'Comparative biology of salticid spiders at Rancho Grande, Venezuela. IIL Systematics and behavior in representative new species'. Zoologica N.Y,, 34, 31-52

17 DAANJE, A., 1950 : 'On locomotory movements in birds and the intention movements derived from them'. Behaviour, 3, 48-98.

18 DARLING, F. F., 1938 : Bird Flocks and the Breeding Cycle. Cambridge.

19 DICE, L. R, 1947 : 'Effectiveness of selection by owls of deer-mice (Peromyscus maniculatus)which contrast in color with their background'. Contr. Lab. Vertebr. Biol., Ann Arbor, 34, 1-20.

20 DUYM, M., and VAN OYEN, G. M., 1948 : 'Het sjirpen van de Zadelsprinkhaan'. De Levende Natuur, 51, 81-7.

20a EIBL-EIBESFELDT, L, 1950:'Ueber die Jugen-dentwicklung des Ver-haltens eines mannlichen Dachses(Meles meles L.)unter beson-derer Berucksichtigung des Spieles'. Zs. f. Tierpsy-chol., 7, 327-55.

20b EIBL-EIBESFELDT, L, 1951 : 'Beobachtungen zur Fortpflanzungs-biologie und Jugendentwicklung des Eichhornchens [Sciurus vulgaris L.)Zs. f. Tierpsychol., 8, 370-400.

21 FABRICIUS, E., 1951 : 'Zur Ethologie junger Anitiden'. Acta Zoologica Fennica, 68, 1-177.

22 FRISCH, K, VON, 1914 : 'Der Farbensinn und Formensinn der Biene'. Zool, Jahrb, Allg.

Zool. Physiol., 35, 1-188.

23 FRISCH, K. VON, 1938 : 'Versuche zur Psychologie des Fisch-Schwarmes, . Naturwiss., 26, 601-7.

24 FRISCH, K. VON, 1950 : Bees, their Vision, Chemical Senses, and Language, Ithaca, N. Y.

25 GOETHE, FR, 1937 : 'Beobachtungen und Untersu- chungen zur Biologie der Silbermowe(Lams a. argentatus)auf der Vogelinsel Memmertsand'. Jour f. Ornithol., 85, 1-119.

26 GOETSCH, W., 1940 : Vergleichende Biologie der Insektenstaaten. Leipzig.

27 GOTZ, H., 1941 : Uber den Art- und Individualger- uch bei Fischen'. Zs. vergl, Physiol., 20, 1 45.

28 GRASSE, P. P., and NOIROT, CH.:'La sociotomie : migration et fragmentation chez les Anoplotermes et les Trinervitermes'. Behaviour, 3, 146-66.

29 HEDIGER, H., 1949 : 'Saugetier-Territorien und ihre Markierung'. Bijdr. tot de Dierk., 28, 172-84.

30 HEINROTH, O., 1911 : 'BeitrSge zur Biologie, namentlich Ethologie und Psychologie der Anatiden'. VerK V. Intern. Ornithol. Kong, ., Berlin, 589-702.

31 HEINROTH, O., and HEINROTH, M,, 1928 : Die Vogel Mitteleuropas. Berlin.

32 HINDE, R, 1952 : 'Aggressive behaviour in the Great Tit'. Behaviour, Suppl. a, 1-201.

33 HOWARD, H. E., 1920 : Territory in Bird Life. London.

34 HUXLEY, J. S., 1934 : threat and warning coloration in birds'. Proc. Sth Internal, Ornithol. Congr., Oxford, 43o-55-

35 ILSE, D., 1929:'Uber den Farbensinn der Tagfalter'. Zs. vergl. Physiol., 8, 658-92.

35a JACOBS, W., 1948: 'Vergleichende Verhaltensfors- chung bei Feldheuschrecken'. Verh. d. deuts-chen Zool. Gesellsch., 1948,257-62.

36 JONES, F. M., 1932 : 'Insect coloration and the relative acceptability of insects to birds'. Trans. Entomol. Soc., London. 80, 345-85.

37 KATZ, D., and REVESZ, G4, 1909 : 'Experimentell-psychologische U ntersuchungen mit Hiihnem'. Zs. Psychol., 50, 51-9.

38 KITZLER, G., 1941 : 'Die Paarungsbiologie einiger Eidechsenarten'. Zs. f. Tierpsychol., 4, 353-402.

39 KNOLL, FR, 1926 : Insekten und Blumen. Wien.

40 KNOLL, FR, 1925:'Lichtsinn und Bliitenbesuch des Falters von Deilephila livornica'. Zs. vergl. Physiol., 2, 329-80.

41 KORRINGA, P., 1947 : 'Relations between the moon and periodicity in the breeding of marine animals'. Ecol. Monogr., 17, 349-81.

42 KRAMER G., 1937:'Beobachtungen tiber Paaru- ngsbiologie und soziales Verhalten von Maue-reidechsen'. Zs. Morphol. Oekol. Tiere, 32, 752-84

43 KUGLER, H., 1930 : 'liitenokologische Untersu- chungen mit Hummeln. 1'. Planta, 10, 229-51.

44 LACK, D., 1932 : 'Some Breeding habits of the European Nightjar'. The Ibis, Ser. 13, 2, 266-84.

45 LACK, D., 1933 : 'Habitat selection in birds'. Jour. anim. Ecol., 2, 239-62.

46 LACK, D., 1939 : 'The display of the Blackcock'. Brit. Birds, 32, 290-303.

47 LACK, D., 1943 : The Life of the Robin. London.

48 LACK, D., 1947 : Darwin's Finches. Cambridge.

49 LAVEN, H., 1940 : 'Beitrage zur Biologie des Sandregenpfeifers (Charadrius hiaticula L.)'. Jour. f. Ornithol., 88, 183-288.

50 LEINER, M., 1929 : 'Oekologische Untersuchungen an Gasterosteus aculeatus L.' Zs. Morphol. Oekol. Tiere, 14, 360-400.

51 LEINER M., 1930 : 'Fortsetzung der oekologischen Studien an Gasterosteus aculeatus L.' Zs. Morphol. Oekol. Tiere, 16, 499-541.

52 LISSMANN, H. W., 1932 : 'Die Umwelt des Kampffisches(Betta splendens Regan)'. Zs. vergl. Physiol., 18, 65-112.

53 LORENZ, K., 1927 : 'Beobachtungen an Dohlen'. Jour. f. Ornithol., 75, 511-19.

54 LORENZ, K., 1931 : 'Beitrage zur Ethologie sozialer Corviden. Jour. f. Ornithol., 79, 67-120.

55 LORENZ, K., 1935 : 'Der Kumpan in der Umwelt des Vogels'. Jour. f. Ornithol. 83, 137-

213 and 289–413.

56 LORENZ, K., 1941 : 'Vergleichende Bewegungs- studien an Anatinen'. Jour. f. Ornithol., 89(Festschrift Heinroth), 194–294.

57 LORENZ, K., 1952 : King Solomon's Ring. London.

58 MCDOUGALL, W., 1933 : An Outline of Psychol-ogy. 6th ed. London.

59 MAKKINK, G. F., 1931 : 'Die Kopulation der Brandente(Tadomatadorna L.)'. Ardea, 20, 18–22.

60 MAKKINK, G. F., 1936 : 'An attempt at an ethogram of the European Avocet (Recurviro stra avosetta L.)with ethological and psychological remarks' Ardea 25, 1–60,

61 MARQUENIE, J. G. M., 1950 : 'De baits van de Kleine Watersalamander'. De Lev. Nat,, 53, 147–55.

62 MATTHES, E., 1948 : 'Amicta febretta. Ein Beitrag zur Morphologie und Biologie der Psychiden'. Memor. e estudos do Mus. Zool., Coimbra, 184, 1–80.

63 MEISENHEIMER, J., : Geschlecht und Geschlechter im Tierreich. Jena.

64 MOSEBACH-PUKOWSKI, E., 1937 : Uber die Raupengesellschaften von Vanessa io und Vanessa urticae'. Zs. Morphol. Oekol. Tiere, 33, 358–80.

65 MOSTLER, G., 1935 : 'Beobachtungen zur Frage der Wespenmimikry,. Zs. Morphol. Oekol. Tiere, 29, 381–455.

66 NOBLE, G. K., 1934 : 'Experimenting with the courtship of lizards'. Nat. Hist,, 34, 1–15.

67 NOBLE, G. K., 1936 : 'Courtship and sexual selection of the Flicker (Colaptes auratus luteus)'. The Auk, 53, 169–82.

68 NOBLE, G. K, and BRADLEY, H. T., 1933 : 'The mating behaviour of lizards'. Ann. N. Y. Acad Sci., 35, 25–100.

69 NOBLE, G. K., and CURTIS, B., 1939 : 'The social behavior of the Jewel Fish, Hemichromus bimaculatus Gill'. Bull. Am. Mus. Nat. Hist., 76, 1–46.

70 PELKWIJK, J. J. TER, and TINBERGEN, N., 1937 : 'Eine reizbiologische Analyse einiger Verhaltensweisen von Gasterosteus aculeate L'. Zs. f. Tierpsychol., 1, 193–104.

71 PORTIELJE, A. F. J., 1928 : 'Zur Ethologie bzw. Psychologie der Silbermowe(Larus a.

ar-gentatus Pontopp.)'. Ardea, 17, 112-49.

72 POULTON, E. B., 1890 : The Colours of Animals. London.

73 RIDDLE, O., 1941 : 'Endocrine aspects of the physiology of reproduction'. Ann. Rev. Physiol., 3, 573-616.

74 ROBERTS, BR., 1940 : 'The breeding behaviour of penguins'. Brit. Graham Land Exped., 1934 1937. Scientif. Reports 1, 195-254.

75 ROESCH, G. A., 1930 : 'Untersuchungen liber die Arbeitsteilung im Bienenstaaf. 2. TeiL Zs. vergl. Physiol., 12, 1-71.

76 ROWAN, W., 1938 : 'Light and seasonal reprodu- ction in animals'. Biol. Rev,, 13, 374-402.

77 BLEST, A. D., and DE RUITER, L. : Unpu-blished work.

78 RUSSELL, E. S., 1945 : The Directiveness of Organic Activities. Cambridge.

78a SCHENKEL, R, 1947 : 'Ausdrucks-Studien an WGlfen'. Behaviour, 1, 81-130.

79 SCHREMMER, FR, 1941 : 'Sinnesphysiologie und Blumenbesuch des Falters von Plusia gamma L. Zool. Jahrb. Syst., 74, 375-435.

80 SCHUYL, G., TINBERGEN, L., and TINBER- GEN, N., 1936 : 'Ethologische Beobachtungen am Baumfalken, Falco s. subbuteo L. Jour. f. Ornithol., 84, 387-434.

81 SCOTT, P., 1951 : Third Annual Report, 1949- 1950, of the Severn Wildfowl Trust. London.

82 SEITZ, A.,1941 : 'Die Paarbildung bei einigen Cichliden II'. Zs. f. Tierpsychol., 5, 74-101.

83 SEVENSTER, P., 1949 : 'Modderbaarsjes'. De Lev. Nat., 52, 161-68, 184-90.

84 SPIETH, H. T., 1949 : 'Sexual behavior and isolation in Drosophila II. The interspecific mating behavior of species of the willistoni-group'. Evolution, 3, 67-82.

85 SUMNER, F. B., 1934 : 'Does "protective colora- tion" protect?' Proc. Acad. Sci. Washington, 20, 559-564.

86 SUMNER, F. B., 1935 : 'Evidence for the protec- tive value of changeable coloration in fishes'. Amer. Natural., 69, 245-66.

87 SUMNER, F. B., 1935 : 'Studies of protective color changes IIL Experiments with fishes both as predators and prey'. Proc. Nat. Acad. Sci., Washington, 21, 345-53.

88 SZYMANSKI, J. S., 1913 : 'Ein Versuch, die fiir das Liebesspiel charakteristischen

Korperstellun-gen und Bewegungen bei der Weinbergschnecke kunstlich hervorzurufen'. Pfluger's Arch., 149, 471-82.

89 THORPE, W. H., 1951 : 'The learning abilities of birds'. The Ibis, 93, 1-52, 252-96.

90 TINBERGEN, L., 1935 : 'Bij het nest van de Torenvalk'. De Lev. Nat., 40, 9-17.

91 TINBERGEN, L., 1939 : 'Zur. Fortpflanzungseth- ologie von Sepia officinalis L. Arch, neerl. Zool., 3, 323-64

92 TINBERGEN, N., 1931 : 'Zur Paarungsbiologie der Flusseeschwalbe(Sterna h. hirundo L.)'. Ardea, 20, 1-18.

93 TINBERGEN, N., 1935 : 'ield observations of East Greenland birds I. The behaviour of tho Rcd neuked Phalarope(Phalaropus lobatus L.)in spring'. Ardeay 24, 1-42.

94 TINBERGEN, N., 1936 : 'The function of sexual fighting in birds ; and problem of the origin of territory'. Bird Banding, 7, 1-8.

95 TINBERGEN, N., 1937 : 'fiber das Verhalten kampfender Kohlmeisen(Parus m. major L.)'. Ardea, 26, 222-3.

96 TINBERGEN, N., 1939 : 'Field observations of East Greenland birds II. The behavior of the Snow Bunting (Plectrophenax nivalis subnivalis A. E. Brehm)in spring'. Trans. Linn. Soc. N.Y,, 5, 1-94

97 TINBERGEN, N., 1940 : 'Die Ubersprung-bewegung'. Zs. f. Tierpsychol., 4, 1 -40.

98 TINBERGEN, N., 1942 : 'An objectivistic study of the innate behaviour of animals'. Biblioth. biotheor., 1, 39-98.

99 TINBERGEN, N., 1948 : 'Social releasers and the experimental method required for their study'. Wilson Bull., 60, 6-52.

100 TINBERGEN, N., 1950 : 'Einige Beobachtungen Uber das Brutverhalten der Silbermowe (Larus argentatics)'. In : Ornithologie als Biologische Wissenschaft, Festschrift E. Stresemann, 162-7.

101 TINBERGEN, N., 1951 : The Study of Instinct. Oxford.

102 TINBERGEN, N., 1951 : 'On the significance of territory in the Herring Gull'. The Ibis, 94, 158-9.

103 TINBERGEN, N., 1951 : 'A note on the origin and evolution of threat display'. The Ibis, 94, 160-2.

104 TINBERGEN, N., 1952 : 'Derived activities ; their causation, function and origin'. Quart. Rev. Biol., 27, 1-32.

105 TINBERGEN, N., 1953 : The Herring Gull's World. London.

106 TINBERGEN, N., and VAN IERSEL, J. J. A. : Unpublished work.

107 TINBERGEN, N., and KUENEN, D. J., 1939: 'Uber die auslosenden und die richtunggebenden Reizsituationen der Sperrbewegung von jungen Drosseln'. Zs. f. Tierpsychol., 3, 37-60.

108 TINBERGEN, N., MEEUSE, B. J. D., BOER- EMA, L. K, and VAROSSIEAU, W. W., 1942 : 'Die Balz des Samtfalters, Eumenis(=Satyrus)semele(L.)'. Zs. f. Tierpsychol,, 5, 182-226.

109 TINBERGEN, N., and MOYNIHAN, M., 1952 : 'Head-flagging in the Black-headed Gull ; its function and origin'. Brit. Birds, 45, 19-22.

110 TINBERGEN, N., and PELKWIJK, J. J. TER 1938 : 'De Kleine Watersalamander'. De Lev. Nat., 43, 232-7.

111 TINBERGEN, N., and PERDECK, A. C., 1950 : 'On the stimulus situation releasing the begging response in the newly hatched Herring Gull chick (Larus a. argentatus Pontopp.)'. Behaviour, 3, 1-38.

112 VERWEY, J., 1930 : 'Einiges tiber die Biologie Ostindischer Mangrove krabben'. Treubia, 12, 169-161.

113 VERWEY, J., 1930 : 'Die Paarungsbiologie des Fischreihers'. Zool. Jahrb. Allg. Zool. Physiol., 48, 1-120.

114 WELTY, J. C., 1934 : 'Experiments in group behaviour of fishes'. Physiol. Zool., 7, 85-128.

115 WHEELER M. W., 1928 : The Social Insects. London.

116 WILSON, D., 1937 : 'The habits of the Angler Fish, Lophius piscatorius L., in the Plymouth aquarium'. J. Mar. Biol, Ass. U, K., 21, 477-96

117 WINDECKER, W., 1939 : 'Euchelia (=Hypocrita) jacobaeae L. und das Schutztrac

htenproblem'. Zs. Morphol. Oekol. Tiere, 35, 84–138.

118 WREDE, W., 1932 : 'Versuche fiber den Artduft der Elritzen'. Zs, f. vergl. Physiol., 17,510–19.

119 WUNDER, W., 1930 : 'Experimentelle Untersu–chungen am dreistachlichen Stichling(Gasteros–teus aculeatus L.) wahrend der Laichzeit'. Zs. Morphol, Oekol. Tiere, 14, 360–400.

# 도서목록
## - 현대과학신서 -

# 도서목록
## - BLUE BACKS -